Inhalt

Vorwort

Aus dem Kreis meiner Kursteilnehmer kamen Wünsche und Anregungen für die Herstellung eines robusten Foto-Meridianskriptes, das auch nach einer Benutzung in der unmittelbaren Nähe von Pferden noch sauber und lesbar bleiben würde. Das anatomisch feinstrukturierte Trabrennpferd Arli mit seiner hellen Fuchsfarbe erwies sich an der Hand meines geduldigen Lebenspartners als ideales Fotomodell. Durch die Bearbeitung der Rohfassung durch Iris Höchener und Daniel Holzmann gewann das Werk weiter an Qualität. Ich bin glücklich, dass sich der Verlag Eugen Ulmer dazu entschlossen hat, das Buch zu publizieren und so einem größeren Kreis von Interessierten zugänglich zu machen.

Ihre Lisbeth Traffelet
Le Mas Blanc

Vorwort der 5. Auflage

Auf vielfachen Wunsch wurde die 2. Auflage damals um zwei wichtige Punktegruppen ergänzt: um die Tingpunkte und die assoziierten Punkte. In der 3. Auflage kamen verschiedene Techniken zur Pflege und Gesunderhaltung des Pferdes hinzu. Bei der 4. Auflage wurde das Kapitel „Yin und Yang" aktualisiert.

In der hier vorliegenden 5. Auflage drehen wir zum Ende hin einmal kurz die Perspektive um und laden die Pferde ein, aktiv zu werden. Lassen Sie sich überraschen!

Ihre Lisbeth Traffelet
Gümligen bei Bern

Einführung

Akupressur, Geschichte und Technik

Akupressur ist eine Methode, bei der bestimmte Stellen an der Körperoberfläche, die mit den inneren Organen und bestimmten Körperfunktionen in Beziehung stehen, durch Fingerdruck stimuliert werden. Sie geht zurück auf die Akupunktur, die von chinesischen Ärzten seit mehr als 2000 Jahren angewandt wird. Akupunktur ist eine Erfahrungsmedizin, die seit sehr langer Zeit erforscht, wie man bestimmte Stellen am Körper, Akupunkturpunkte genannt, zur Verbesserung der Gesundheit nutzen kann. In der Traditionellen Chinesischen Heilkunst der Akupunktur werden dazu Nadeln in die Akupunkturpunkte eingestochen, um den Fluss der Körperenergien zu harmonisieren. Diese Akupunkturpunkte liegen nebeneinander und entlang von Energiebahnen im Körper, die Meridiane genannt werden. In Japan entstand, basierend auf dem Meridiansystem der Chinesischen Medizin, eine Massagetechnik, Shiatsu oder Akupressur genannt, bei der das Einstechen von Nadeln durch Fingerdruck ersetzt wurde.

Akupunktur wird heutzutage meist von Tierärzten eingesetzt, um akute Erkrankungen zu behandeln. Akupressur wird eher von Pferde-Massagetherapeuten angewandt, um Probleme des Bewegungsapparates zu beheben (Muskelentspannung), Stress-Schäden abzubauen, Konstitutionsschwächen auszugleichen und bei chronischen Krankheiten durch die Anregung der Selbstheilungskräfte des Körpers die Heilungschancen zu verbessern.

YIN und YANG

Auf den Meridiantafeln finden sich die Bezeichnungen YIN und YANG, Begriffe der Traditionellen Chinesischen Medizin für die polaren Grundprinzipien oder Wirkkräfte des Universums. Sie stehen im Gegensatz zueinander und ergänzen sich dadurch gegenseitig. Sie befinden sich in ständiger Bewegung. YIN wandelt sich in YANG und YANG wandelt sich in YIN. Wo es Leben gibt, wirken beide Prinzipien zusammen und halten sich in einem beweglichen Gleichgewicht. Wo zu viel YIN ist, erstarrt das Leben, wo zu viel YANG ist, verzehrt sich das Leben.

Von YIN geprägt:
Weiblich, nährend, ruhend, geborgen, Mond, Nacht, Herbst, Winter, dunkel, kalt, passiv, innen, unten, empfangend, Wasser.

Von YANG geprägt:
Männlich, bewegend, belebend, strahlend, Sonne, Tag, Frühling, Sommer, hell, heiß, aktiv, außen, oben, befruchtend, Feuer.

Bedeutung von YIN und YANG für die Gesundheit:
Nur wo diese Prinzipien harmonisch zusammenwirken, ist ein Organismus gesund.

Zu viel YIN ergibt Erkältung, Energiemangel, Müdigkeit, chronische Krankheiten, dumpfe, nicht gut lokalisierbare Schmerzen, Wundgefühl. Zu viel YANG ergibt Enzündung, Fieber, Stau, Hypererregbarkeit, stechende, brennende, heftige Schmerzen.

YIN und YANG beim Reitpferd:
Ein Reitpferd, das über ein gutes Zusammenspiel von YIN und YANG verfügt, ist kraftvoll gehlustig und dabei gleichzeitig losgelassen und empfänglich für die Hilfen des Reiters. Ein YIN überladenes Pferd ist eher behäbig, nicht so gehfreudig und braucht Zeit, um in Schwung zu kommen. Ein YANG überladenes Pferd ist temperamentvoll, eigenwillig und ungeduldig und hat nach der Arbeit Mühe, zur Ruhe zu kommen.

Wirkung von Akupressur auf YIN und YANG:
Durch das Berühren wird der Akupunkturpunkt angeregt, seine Ladung zu normalisieren. Wenn er leer ist (zu viel YIN), wird er sich wieder mit Energie füllen, wenn er gestaut ist (zu viel YANG), wird er sich entladen. Dieser harmonisierende Effekt erfolgt auch ohne dass der Massierende weiß, ob er den Akupunkturpunkt laden oder entladen muss. Mit der Zeit entwickelt jeder Mensch, der regelmäßig Akupressur anwendet, ein Gefühl dafür, ob ein Bereich YIN-überladen, YANG-überladen oder ausgeglichen ist.

Zur Verwendung der Tafeln

Alle Meridiane (außer Lenker- und Konzeptionsgefäß) verlaufen symmetrisch über die beiden Körperhälften. Auf einigen Tafeln sind jeweils Teile des rechten und des linken Meridians dargestellt – so wie sie sichtbar werden, wenn man das Pferd von einem Punkt aus betrachtet.

Das Meridiansystem der Traditionellen Chinesischen Medizin ist sehr komplex und vielschichtig. Der Übersichtlichkeit halber wurde stark vereinfacht. Wir haben die Auswahl so getroffen, dass der Benutzer auch ohne gründliche Kenntnis der Traditionellen Chinesischen Medizin Erfahrungen sammeln kann.

Die ganzheitliche Wirkungsweise der Traditionellen Chinesischen Medizin

In der Traditionellen Chinesischen Medizin besteht ein nahtloser Übergang zwischen Geist, Seele und Körper. Alle drei sowie die uns umgebende Natur sind aus dem gleichen

Urstoff gemacht, die verschiedenen Erscheinungen weisen lediglich einen unterschiedlichen Dichtigkeitsgrad auf. Die unverdichtete Form des Urstoffes nehmen wir als Licht wahr, auch als Bewusstseinslicht des menschlichen Geistes. Urstoff in verdichteter Form erleben wir als Materie und den physischen Körper. Zwischen diesen beiden Extremen befinden sich die Gefühlswelt und die Ebene der Körperenergien, die zwischen Materie und Geist vermittelt.

Die dichteste Substanz des Körpers sind die Knochen. Das Bindegewebe ist schon etwas weniger dicht, dann folgen die Muskeln. Das Blut und die anderen Körpersäfte sind noch weniger dicht, haben keine feste Struktur und fließen durch den ganzen Körper. Sehr direkt mit den Körperflüssigkeiten verbunden ist die Körperenergie, Chi genannt. Chi wird vom Blut transportiert und in alle Körperregionen gebracht. Umgekehrt ermöglicht ein gut fließendes Chi eine gleichmäßige Blutzirkulation in alle Körperregionen. Das Chi wird aber nicht nur entlang den Blutbahnen transportiert. Es hat auch ein eigenes Strömungsnetz, Meridiansystem genannt, das den ganzen Körper nach einem bestimmten Muster überzieht und durchdringt. Die Ebene des Chi ist eng verbunden mit den Empfindungen des Körpers und der Seele. Fließendes Chi ergibt eine harmonische freudige Gefühlslage, nicht fließendes Chi eine beengte und negative Gefühlslage. Von der Gefühls- und Empfindungswelt gelangen wir auf die nächste Ebene: der Ebene unseres Geistes und Verstandes. Auch diese Ebenen beeinflussen einander stark: Negative Gedanken erzeugen negative Gefühle, so wie negative Gefühle auch den Geist negativ beeinflussen können. Natürlich funktioniert es hier auch umgekehrt: Klare Gedanken erzeugen schöne, harmonische Gefühle und eine harmonische Gefühlslage zieht klare, helle Gedanken an.

Der in der daoistischen Lehre ganzheitlich ausgebildete Heiler sieht diese Ebenen des Patienten und sucht zusammen mit ihm einen Weg in die Heilung. Je nach den Möglichkeiten des Menschen, den er vor sich hat, bespricht er mit ihm seine Lebenssituation, berät ihn in Bezug auf seine Essgewohnheiten, verordnet geistig-mediative oder körperlich-energetische Übungen, verabreicht Kräuter und Akupunktur-/Akupressuranwendungen zur Stärkung der einzelnen Organe und ihrer Funktionskreise, bis der Patient zum Lernenden wird, der selber zu seiner eigentlichen gesunden Natur zurückfindet.

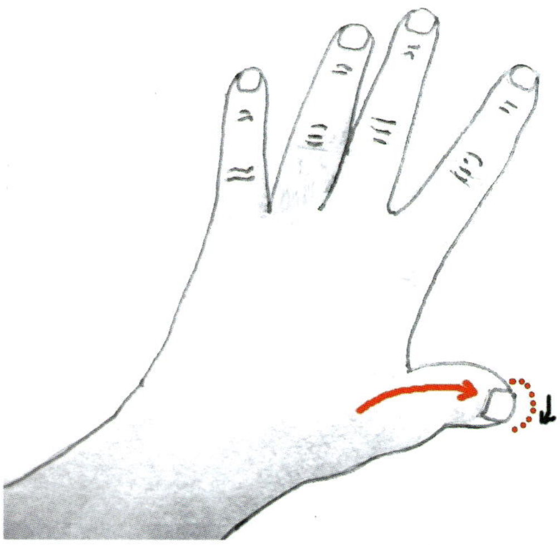

Mit der Akupressur an Pferden wirken wir über das Meridiansystem auf die Ebene der Körperenergie. Damit harmonisieren wir zur gleichen Zeit die Gefühlswelt und verbessern die Regeneration des physischen Körpers. Die mittlere Ebene der Emotionen und Körperenergien wird gestärkt. Dies bewirkt eine bessere Verbindung von „oben“ und „unten“. Ein natürlicher Ausgleich kann stattfinden und die Einheit von Geist, Seele und Körper wird verbessert und wiederhergestellt. Dieser segensreiche Ausgleich überträgt sich auch auf uns. Beim Akupressieren kommen wir zur Ruhe und gelangen in einen meditativen Zustand, in dem unsere Empfänglichkeit und Sensibilität wächst. Die gebündelte Aufmerksamkeit auf das Wohl unseres vierbeinigen Freundes verschafft uns mit der Zeit mehr und mehr einen mühelosen Zugang zu einem inneren Raum des Friedens und der Harmonie.

So erforschen Sie die Meridiane an Ihrem Pferd

Sie sollten sich wohlfühlen, ausgeruht sein und Ihre Hände sollten sich warm anfühlen.

- Bringen Sie Ihr Pferd an einen ruhigen Platz.
- Stellen Sie sich locker hin, machen Sie ein paar tiefe Bauchatemzüge.
- Beginnen Sie mit feinen, streichenden Berührungen mit der flachen Hand über das ganze Pferd.
- Sobald sich Ihr Pferd entspannt und seine Aufmerksamkeit auf die Empfindungen in seinem Körper zentriert ist (gesenkter Hals, nach innen gerichteter Blick), können Sie dazu übergehen, die auf den Tafeln dargestellten Meridiane mit sanfter Hand in Fließrichtung abzustreichen. Die aufsteigende Nummerierung der Punkte entspricht dabei der Fließrichtung. Variieren Sie die Druckstärke und richten Sie sich nach den Reaktionen des Pferdes.
- Zusätzlich können Sie die Akupunkturpunkte des Meridians mit Daumen oder Zeigefinger kreisend stimulieren.

Der richtige Fingerdruck bei der Massage

Für den Fingerdruck eignet sich der Daumen besonders gut, weil er von allen Fingern der am freiesten bewegliche ist. Der Zeigefinger oder jeder andere Finger kann aber grundsätzlich auch verwendet werden. Beim Drücken des Punktes wird die Hand so natürlich wie möglich gehalten, das Handgelenk sollte nicht abgeknickt sein.

Der Daumen wird auf den Punkt gelegt und mit 50 bis 200 g Druck kreisend bewegt. Diese Druckstärke können Sie auf der Küchenwaage mit dem Finger sehr gut ausprobieren und üben. Den kreisenden Druck behalten Sie bei Ihrem Pferd so lange bei, bis es eine Entspannungsreaktion zeigt: Kauen, Lippenlecken, Gähnen und Ähnliches. Dies tritt meistens ungefähr nach 10 bis 30 Sekunden ein.

- Wenn das Pferd keine spezielle Reaktion auf die Massage des Punktes zeigt, sondern einfach nur ruhig mit gesenktem Kopf und leicht zuckendem Maulbereich dasteht, bedeutet dies, dass es die Massage genießt, ohne dass dieser Punkt einer besonderen Harmonisierung bedürfte.
- Reagiert das Pferd auf die Massage an einem Punkt mit Unruhe oder Ausweichen, war der Druck entweder zu stark oder das Kreisen des Fingers zu schnell. Vermindern Sie also den Druck und machen Sie langsamere Kreisbewegungen. Lassen Sie unangenehme Stellen fürs Erste aus.

Vor und nach dem Drücken eines einzelnen Punktes fährt man mit der flachen Hand mit ungefähr 100 bis 300 g Druck über die Körperregion, wo der Punkt liegt, den man bearbeiten will oder bearbeitet hat. Davor, um das Gebiet auf die Punktearbeit vorzubereiten, danach, um die mobilisierte Energie zu verteilen.

Um die beste Druckstärke und die passende Drehrichtung zu finden, beobachten Sie Ihr Pferd: Wenn es den Kopf senkt, die Augen schließt, zu Kauen beginnt, die Lippen leckt, gähnt und tiefe Seufzer von sich gibt, dann sind Sie auf dem richtigen Weg! So lange das Pferd ruhig dasteht und/oder durch die oben genannten Entspannungszeichen signalisiert, dass es Ihre Berührungen mag, ist es ausgeschlossen, dass Sie ihm Schaden zufügen.

- Bei einem geduldigen Pferd kann man die Akupressur mit der Zeit bis auf ungefähr 1 ½ Stunden ausdehnen. Ein temperamentvolles Pferd massiert man kürzer, etwa ½ bis 1 Stunde oder so lange, wie es stillstehen mag.
- Je länger das Pferd nach der Akupressur in der Tiefenentspannung bleibt (aktivierte innere Selbstheilung), desto günstiger wirkt dies auf dessen Gesundheit.

Seien Sie nicht enttäuscht, wenn es nicht gleich beim ersten Mal klappt, Pferde sind durch Neues schnell irritiert. Versuchen Sie es einfach zu einem späteren Zeitpunkt mit einem anderen Meridian, bis Sie die Lieblingsstellen Ihres Pferdes herausgefunden haben. Empfehlenswert ist die Teilnahme an einem Lehrgang, wenn Sie sich genauer informieren und die Akupressur lernen und üben möchten.

Nach der Akupressur Hände mit fließendem, warmem Wasser gründlich reinigen.

Tipps

- Pferde, die sehr temperamentvoll sind, akupressiert man am besten in ihrer normalen Dösezeit (z.B. am frühen Nachmittag).
- Pferde, die sehr kitzlig sind, kann man mit einem feuchten Schwamm abtupfen, das reduziert die Kitzligkeit.
- Manche sensiblen Pferde bevorzugen festere statt feinere Berührungen.

Die Meridiantafeln

Nicht oder nur von einer fachkundigen Person massiert werden dürfen:

- trächtige Stuten,
- Pferde mit Fieber oder anderen schweren Erkrankungen,
- Pferde, deren Schmerzempfindlichkeit durch Medikamente herabgesetzt worden ist.

Kolik

Rufen Sie **zuerst** den Tierarzt!
Danach können Sie versuchen, die Kolik mit der Massage des Lenkergefäßes, der Tingpunkte an den Krongelenken, den Ohrspitzen oder des Schweifspitzenpunktes zu stoppen.

Symbole

In der Traditionellen Chinesischen Medizin wird jedem Organ beziehungsweise jedem Meridian ein Element zugeordnet:

Erde (Milz und Magen)

Feuer (Herz, Dünndarm, Perikard und Dreifacher Erwärmer)

Holz (Leber und Galle*)

Metall (Lunge und Dickdarm)

Wasser (Niere und Blase)

S Sondermeridiane

* Zwar fehlt dem Pferd das Organ Gallenblase, jedoch ist die Funktion des Meridians vorhanden und wichtig.

Lungen-Meridianpunkte (YIN)

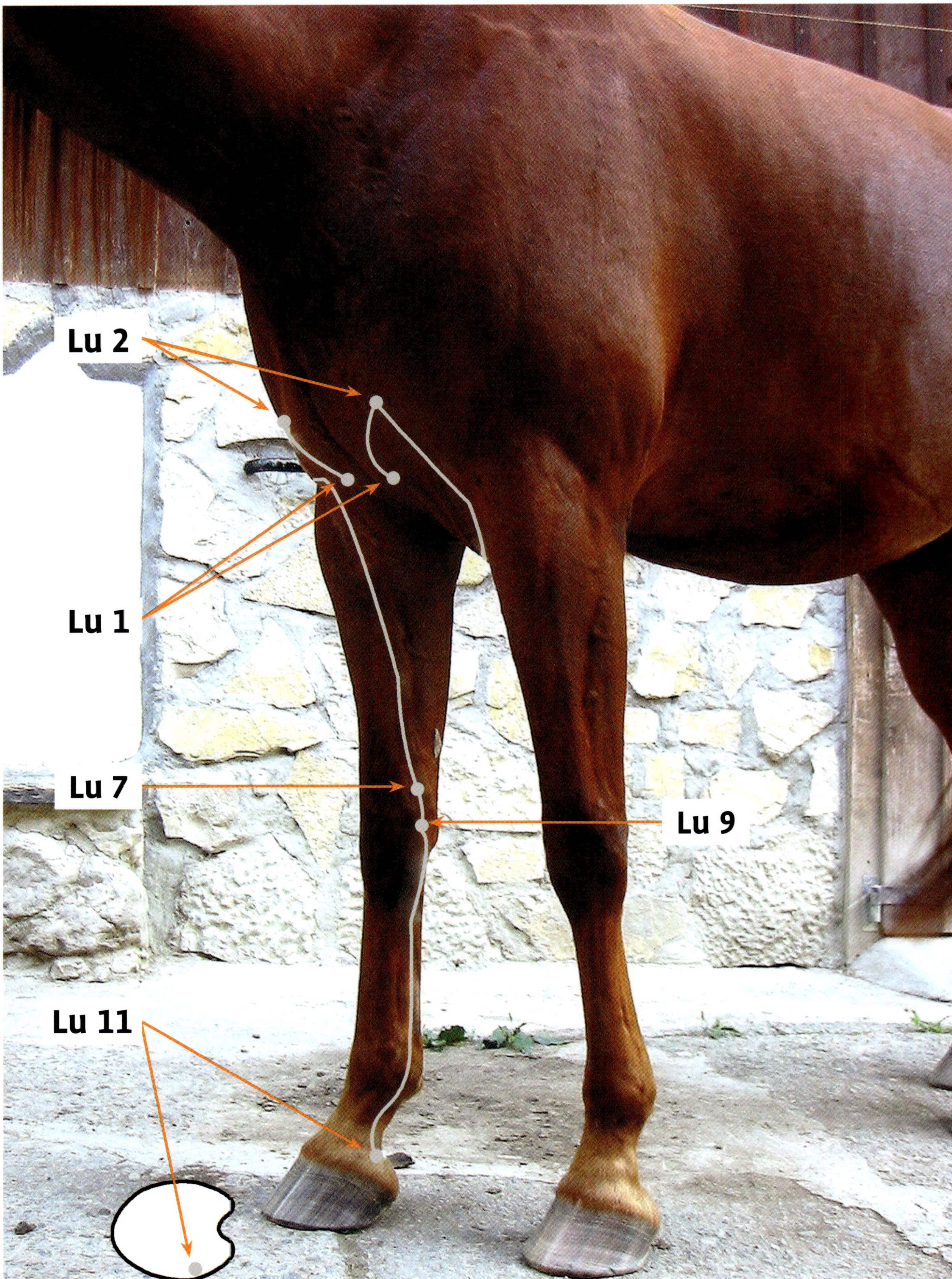

Lu 1 Lungen-Alarmpunkt. Tief in der Mitte der Rinne, die vom schrägen Brustmuskel gebildet wird.

Wertvoller Punkt bei allen Lungenproblemen.
Sagt viel aus über den Zustand der Lunge.
Die Beschaffenheit des Gewebes im unmittelbaren Bereich dieses Punktes lässt auf den Gesundheitszustand der Lunge schließen: Fühlt sich der Punkt tief in der Falte kalt und feucht an, hat die Lunge zu wenig YANG-Energie. Ist das Gewebe warm und elastisch, ist die Lunge gesund. Reagiert das Pferd empfindlich und weicht aus, könnte eine Bronchienreizung vorliegen.

Lu 2 Liegt über Lu 1.

Entspannt die Bronchien. Die Stellen mit warmen Händen halten.

Lu 7 Unmittelbar über bzw. hinter der seitlichen, breitesten Stelle des Karpalgelenks innen.

Meisterpunkt für Kopf und Hals. Verbessert das energetische Schutzschild unter der Haut.
(Wei-Chi = Abwehrenergie.)

Lu 9 Unter Lu 7.

Verstärkt den Fluss der Lebenskraft in der Lunge.

Lu 11 Tingpunkt.

Harmonisiert den ganzen Meridian.

Dickdarm-Meridianpunkte (YANG)

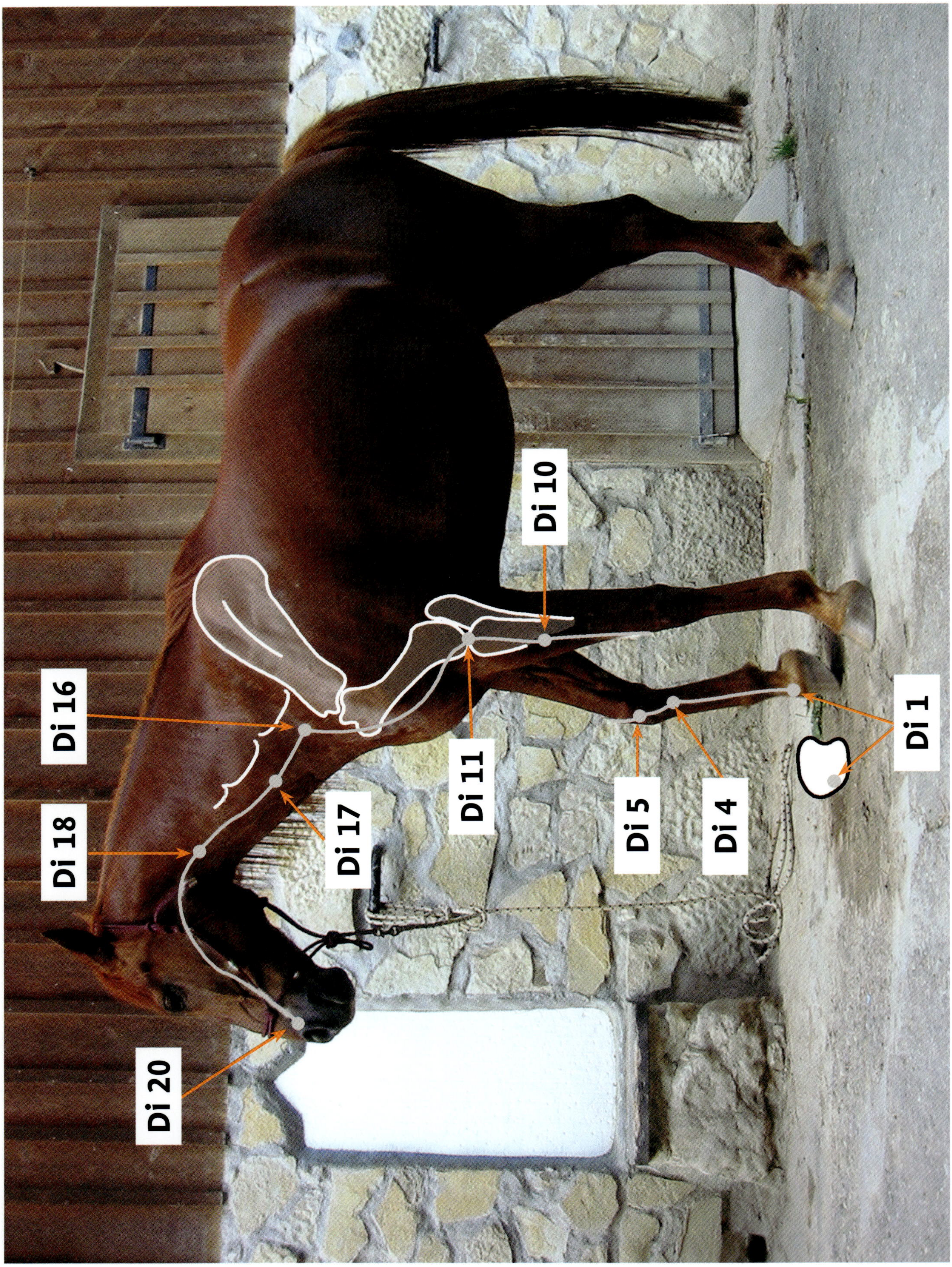

Di 1 Tingpunkt.
Harmonisiert den ganzen Meridian.

Di 4 Unter dem Karpalgelenk.
Meisterpunkt für Kopf, Hals und Darmtrakt (Schmerzen). Immunsystem, lässt Spannungen aus dem Kopfbereich abfließen, gleicht auf- und absteigende Energieströme aus.
Achtung: Verboten bei trächtigen Stuten, fördert die Wehen.

Di 5 Auf dem Karpalgelenk.
Karpalgelenkschmerzen.

Di 10 In der Muskelrinne.
Bringt die Energie des Vorderbeines zum Fließen.

Di 11 In der Gelenkspalte.
Immunstimulation bei allen Allergien.

Di 16 Neben dem Schulterblatt unter der Halswirbelsäule.
Stärkt die Energieaufnahme durch die Lunge.

Di 17 Eine Handbreit von Di 16. Nur leichten Druck ausüben.
Führt den unteren Halswirbeln Energie zu.

Di 18 Oberhalb der Drosselrinne.
Erkältung, Husten.

Di 20 An der Nüster.
Erkältung.

Nieren-Meridianpunkte (YIN)

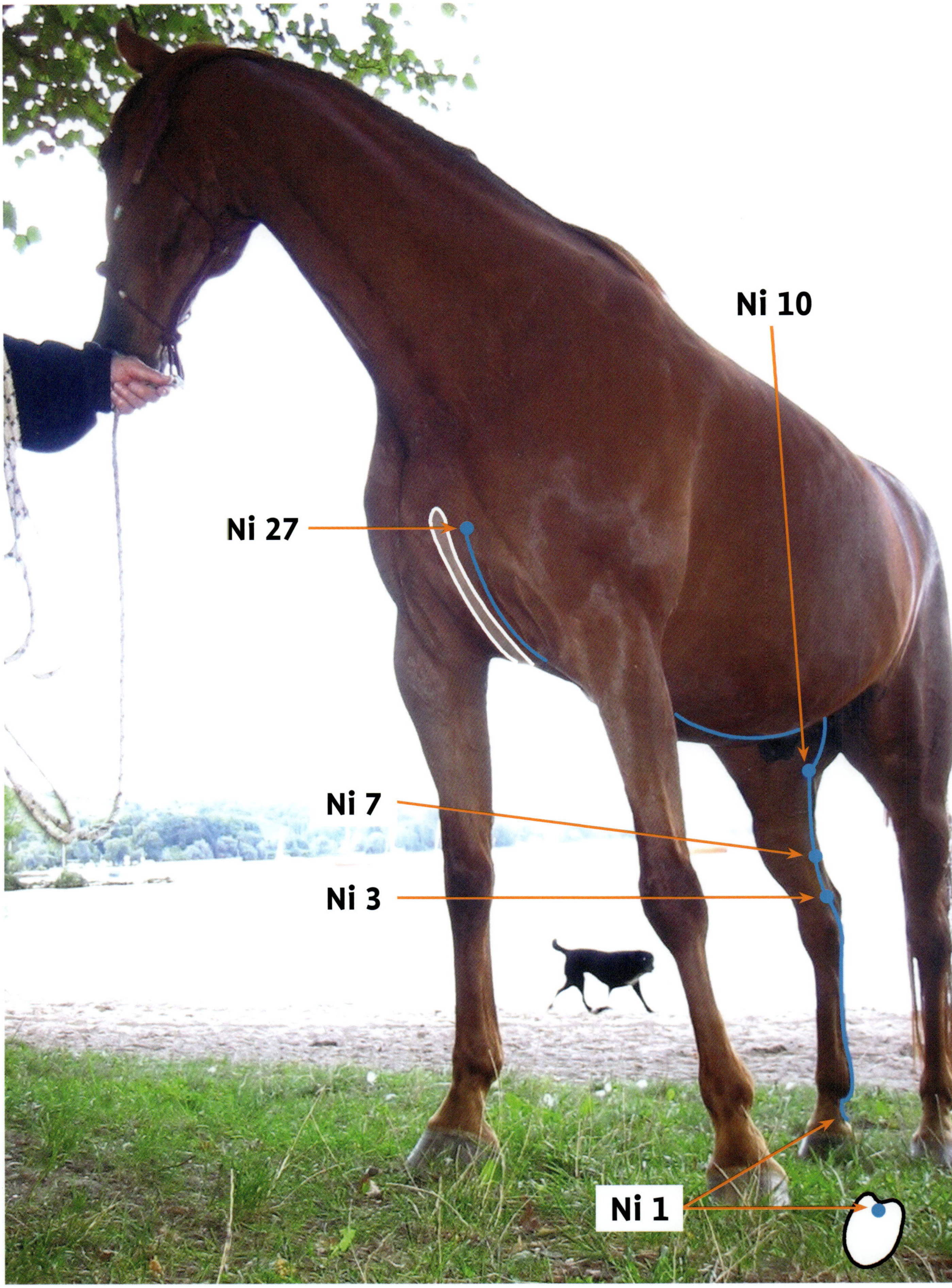

Der Nieren-Meridian verläuft von Ni 10 zur Leistengegend, um die Geschlechtsteile herum und etwa 2 bis 3 Finger neben der Bauch-Mittellinie nach vorn.

Ni 1 Tingpunkt.
Harmonisiert den ganzen Meridian.

Ni 3 In der tiefen Grube, gebildet aus dem Gelenk und dem Fersenbein.
Stärkt Nieren und Rücken.

Ni 7 Je nach Größe des Pferdes 3 bis 6 Finger über der Mitte des Sprunggelenkes (6 Finger = Warmblut, 3 Finger = Pony).
Wärmt die Nieren. Bei Ödemen, Rücken- und Fruchtbarkeitsproblemen.

Ni 10 Unter dem Muskelberg ganz oben und innen am Hinterbein, etwa 4 Finger schwanzwärts von der *Vena saphena*.
Blasenprobleme. Für neue Lebenslust.

Ni 27 In der Nähe des Brustbeinendes.
Verbessert das schnelle Abheilen eines Hustens. Stimuliert die Niere, Lungen-Chi aufzunehmen.

Blasen-Meridianpunkte (YANG)

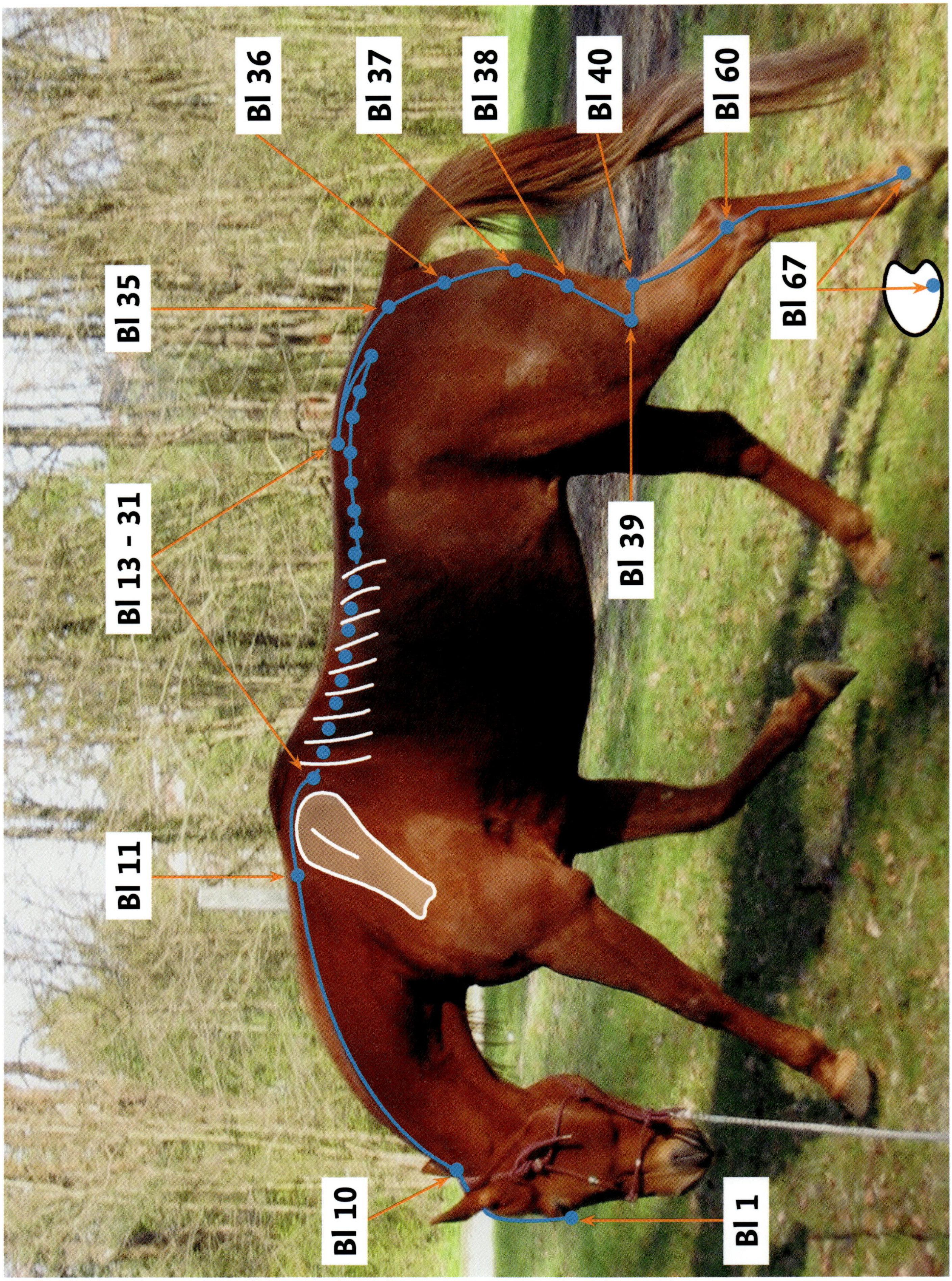

Bl 1 Am inneren Augenlid.
Beruhigung.

Bl 10 2 Finger unter dem Ansatz der Mähnenhaare zwischen dem 1. und dem 2. Halswirbel.
Genick- und Kieferprobleme.

Bl 11 Etwa 2 bis 4 Finger unter dem Ansatz der Mähnenhaare am Schulterblattrand.
Kopfseite, alle Knochenprobleme.

Bl 13 – 31 Assoziierte Punkte, die mit einem inneren Organ oder einer Körperregion in Verbindung stehen.

Bl 35 Etwa 2 bis 3 Finger neben der Schwanzwurzel.
Energetisiert den Beckenraum.

Bl 36 Über dem Sitzbeinhöcker.
Energetisiert den Beckenraum.

Bl 37 In der Mitte der Muskelrinne unter dem Sitzbeinhöcker.
Wirkung auf das Kniegelenk.

Bl 38 Zwischen Bl 37 und Bl 40.
Kniegelenk.

Bl 39 Am Ende der Muskelrinne unter dem Sitzbeinhöcker.
Testpunkt für das Sprunggelenk.

Bl 40 In der Kniekehle.
Stärkt Rücken und Hüfte.

Bl 60 In der Grube am Fersenbein.
Rückenschmerzen, Blasenprobleme.

Bl 67 Tingpunkt.
Harmonisiert den ganzen Meridian.

Leber-Meridianpunkte (YIN)

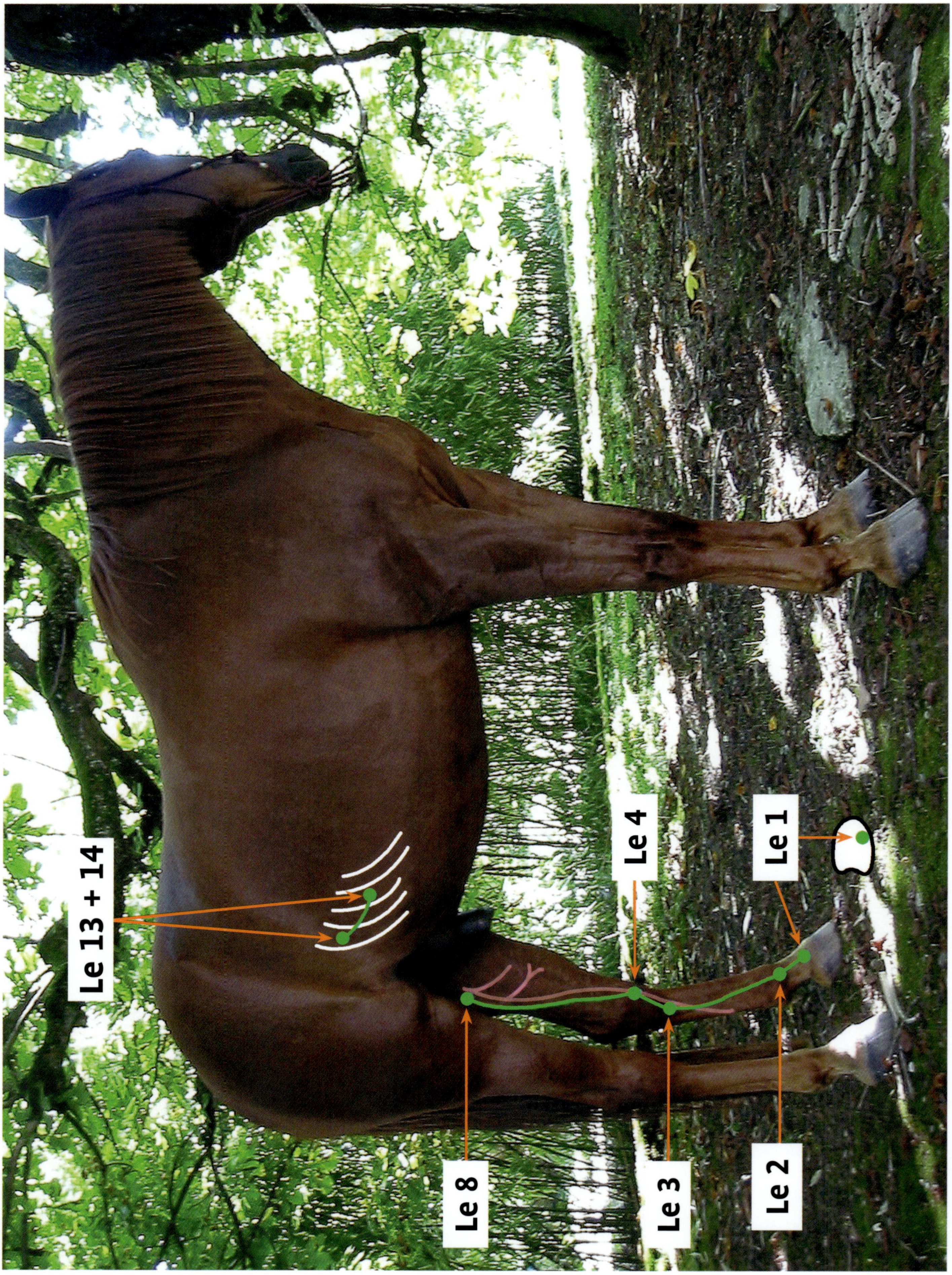

Le 1 Tingpunkt.
Harmonisiert den ganzen Meridian.

Le 2 Unter dem Fesselgelenk.
Leberstau, Aggression (beim Menschen Migränepunkt).

Le 3 In einem kleinen Dreieck, gebildet aus dem unteren Rand des Sprunggelenks und der *Vena saphena*.
Klärt und stärkt die Leberenergie.

Le 4 Auf der weichen Stelle am Sprunggelenk.
Drainage der Leber.

Le 8 Hinter der *Vena saphena* am unteren Rand des *Musculus gracilis* (der Muskelberg ganz oben auf der Innenseite des Hinterbeines).
Tonisiert die Leber.

Le 13 + 14 Nähe unterer Rippenrand (nicht gut tastbar). Mit der flachen Hand kreisend reiben.
Alle Beschwerden, die mit der Leber in Verbindung stehen könnten.
Löst Blockaden in Leber, Milz und Magen.

Gallen-Meridianpunkte (YANG)

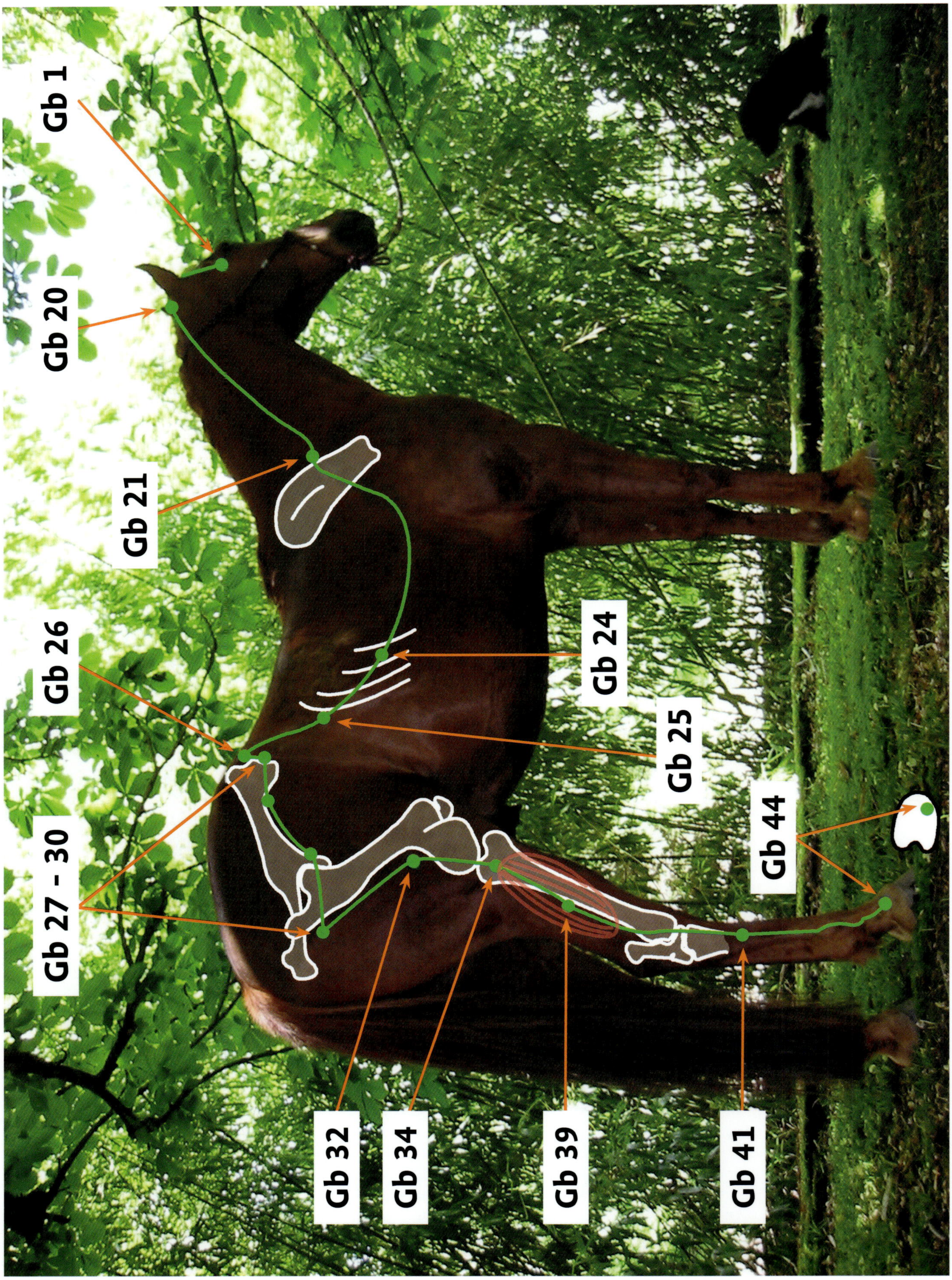

Gb 1 Am äußeren Augenwinkel.
Augenprobleme.

Gb 20 Auf dem Hügel hinter dem Ohr.
Muskelprobleme, Steifheit durch zu harte Hand des Reiters, Schlaufzügel und Zugluft.

Gb 21 Mitte der Hals-Schulter-Linie.
Setzt die Muskelspannung allgemein herab. **Achtung:** Verboten bei trächtigen Stuten.

Gb 24 Im drittletzten Rippenzwischenraum.
Alarmpunkt der Galle.

Gb 25 An der letzten Rippe, wo sich die Richtung ändert.
Nieren-Alarmpunkt. Kreuzverschlag, Eierstockprobleme.

Gb 26 1 Handbreit über dem Hüfthöcker.
Hilft die Nachhand zu entspannen. Nur mäßig stark drücken!

Gb 27 - 30 Gesamten Bereich mit starkem Druck massieren (2,5 kg und mehr).
Sehr wichtiger Bereich für die Kraft der Hinterbeine. Unterleibsbeschwerden.

Gb 32 Auf der Höhe der Kniescheibe.
Knieprobleme.

Gb 34 Mitte des Beines, Höhe von Ma 36.
Meisterpunkt für die Sehnen.

Gb 39 Auf der Höhe von Ma 40, außen an Mi 6.
Knochenmarkpunkt. Auch für die Nerven und das Gehirn.

Gb 41 Auf flachem Knochen unter dem Sprunggelenk.
Aggressives Verhalten. Vor der Massage zum Beruhigen.

Gb 44 Tingpunkt.
Harmonisiert den ganzen Meridian.

Herz-Meridianpunkte (YIN)

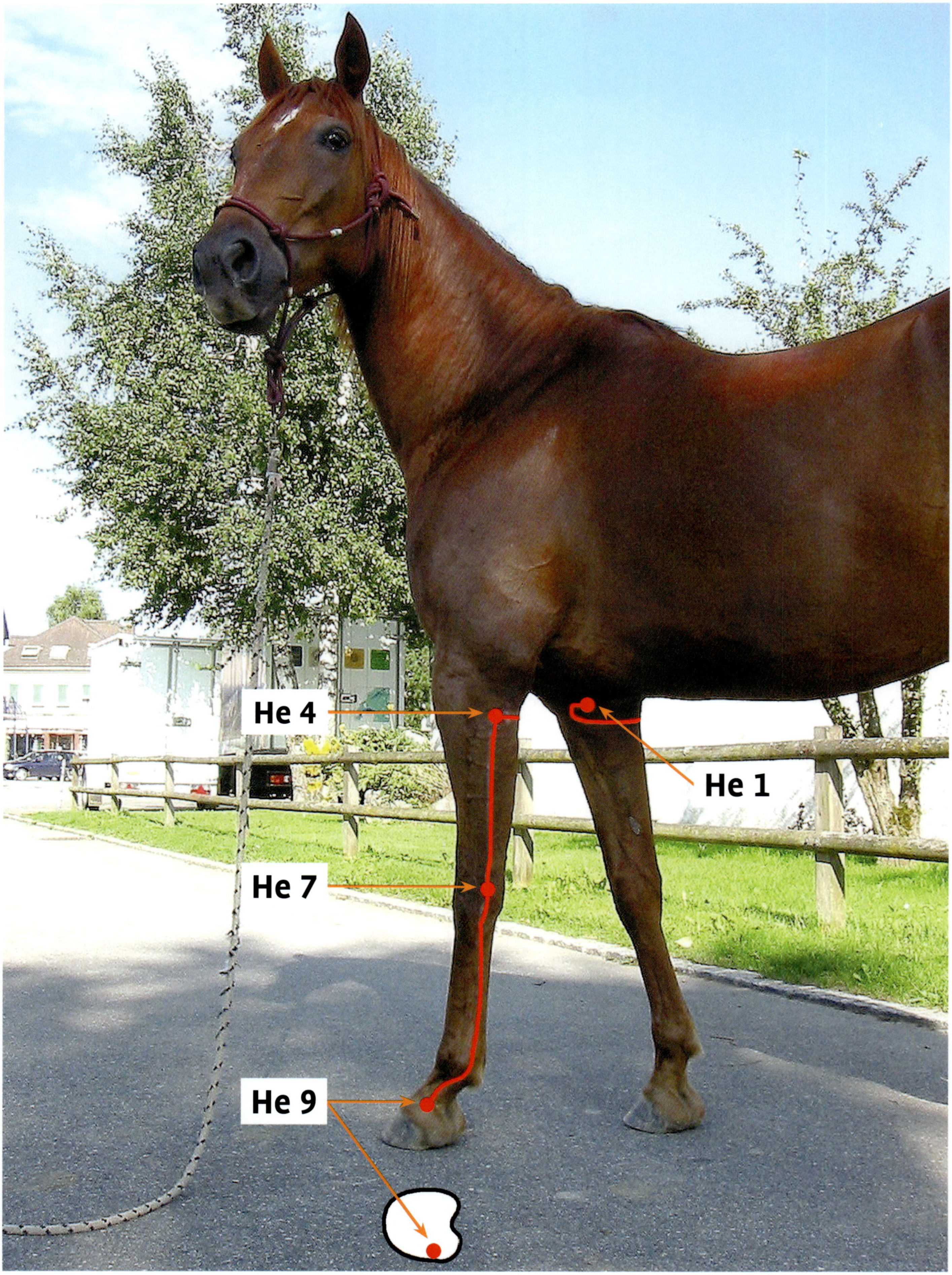

He 1 In der Mitte der Achselhöhle.
Trauer, nach Verlusten, Stallwechsel, Überanstrengung, Temperamentsprobleme.

He 4 Auf dem Muskel unter dem Ellbogen. Bein anheben zum Massieren dieses Punktes, damit sich der Muskel entspannt.
Günstige Wirkung auf die Nieren.

He 7 Außen am Erbsenbein.
Stützt die Herzenergie, senkt bei Bedarf das Herz-YANG, Herzklopfen, Aufregung.

He 9 Tingpunkt.
Harmonisiert den ganzen Meridian.

Dünndarm-Meridianpunkte (YANG)

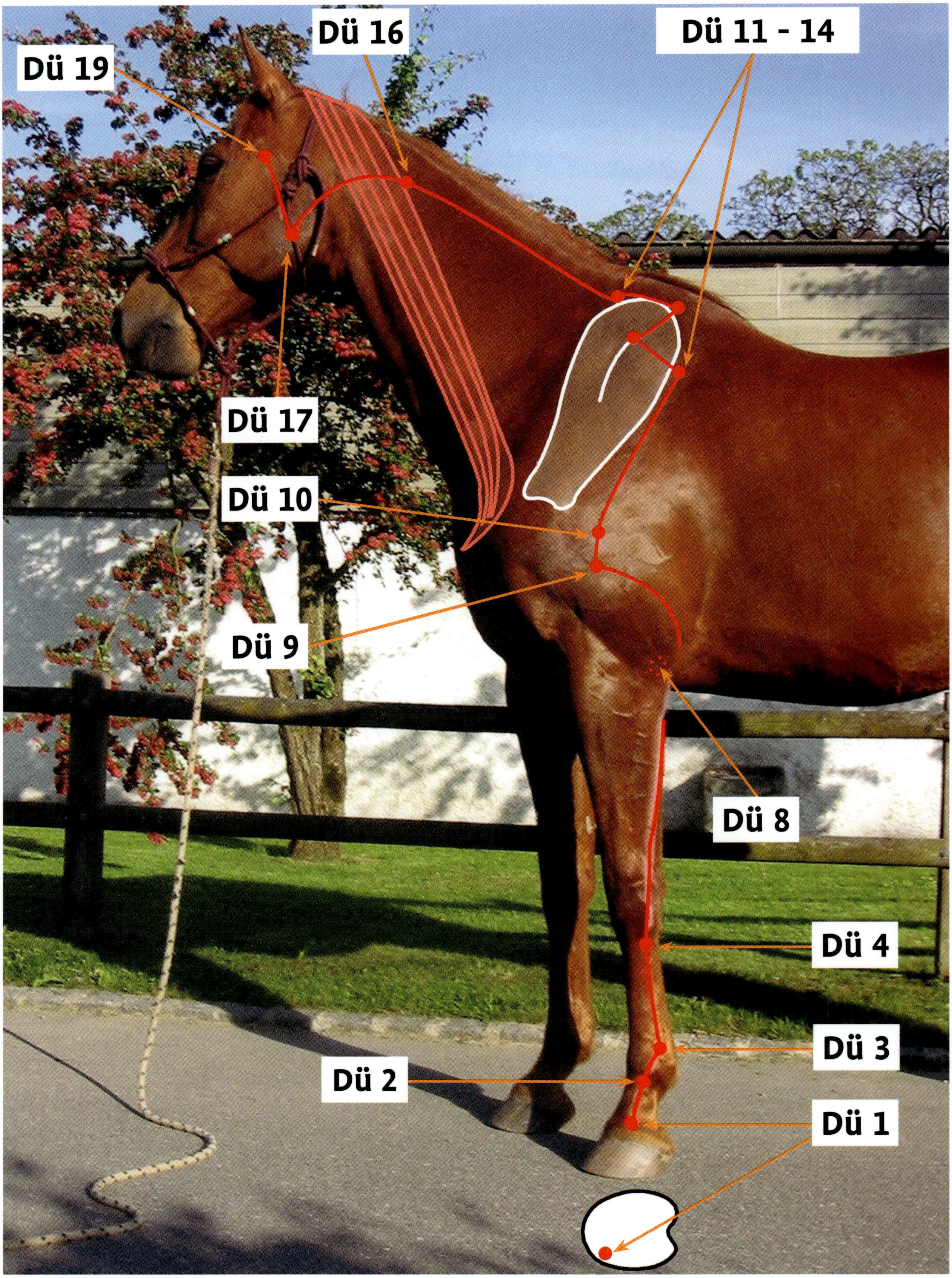

Dü 1 Tingpunkt.
Harmonisiert den ganzen Meridian.

Dü 2 Unter dem Fesselgelenk.
Lahmheit.

Dü 3 Auf dem Griffelbeinköpfchen.
Mehrt den Energiefluss im Vorderbein.
Nacken- und Halsprobleme.

Dü 4 Unter dem Karpalgelenk.
Lahmheit, Nackenverspannung.

Dü 8 Innen am Ellbogen.
Wirkung auf die Muskulatur unter dem Schulterblatt.

Dü 9 Ertastbare Grube im *Musculus triceps*.
Test- und Energiepunkt für die ganze Schulter.

Dü 10 Etwa eine Handbreit über Dü 9.
Wirkung wie bei Dü 9, aber nicht so stark.

Dü 11 – 14 Auf und am oberen Teil des Schulterblattes.
Entmuskelung des Schulterblattes.

Dü 16 Am Oberrand des *Musculus brachiocephalicus*.
Testpunkt für die Sehnen.

Dü 17 Auf dem Kaumuskel.
Schmerzen an dieser Stelle: Zahnprobleme?

Dü 19 Unter dem Kiefergelenk.
Probleme mit dem Kiefergelenk.

Perikard-Meridianpunkte (YIN)

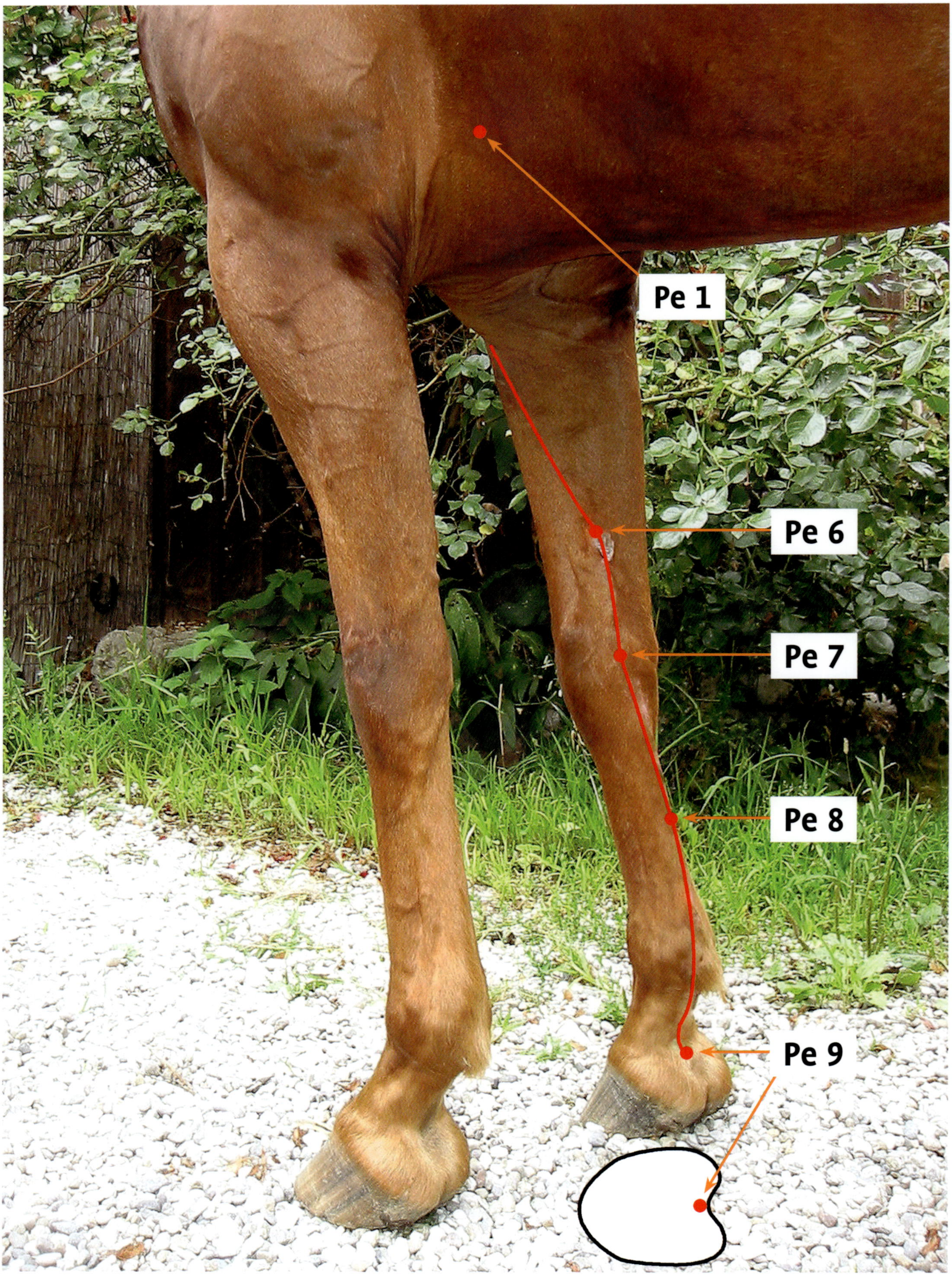

Perikard = Herzbeutel, schützt und unterstützt das Herz.

Pe 1 In der Gurtlage Nähe Ellbogen.
Huf-Testpunkt.

Pe 6 Am Oberrand der Kastanie.
Meisterpunkt für den Brustbereich.
Beruhigung.

Pe 7 Auf dem Erbsenbein innen.
Schützt das Herz.

Pe 8 Auf der Sehne.
Wird genadelt bei Sehnenproblemen.

Pe 9 Tingpunkt.
Harmonisiert den ganzen Meridian.

Dreifacher-Erwärmer-Meridianpunkte (YANG)

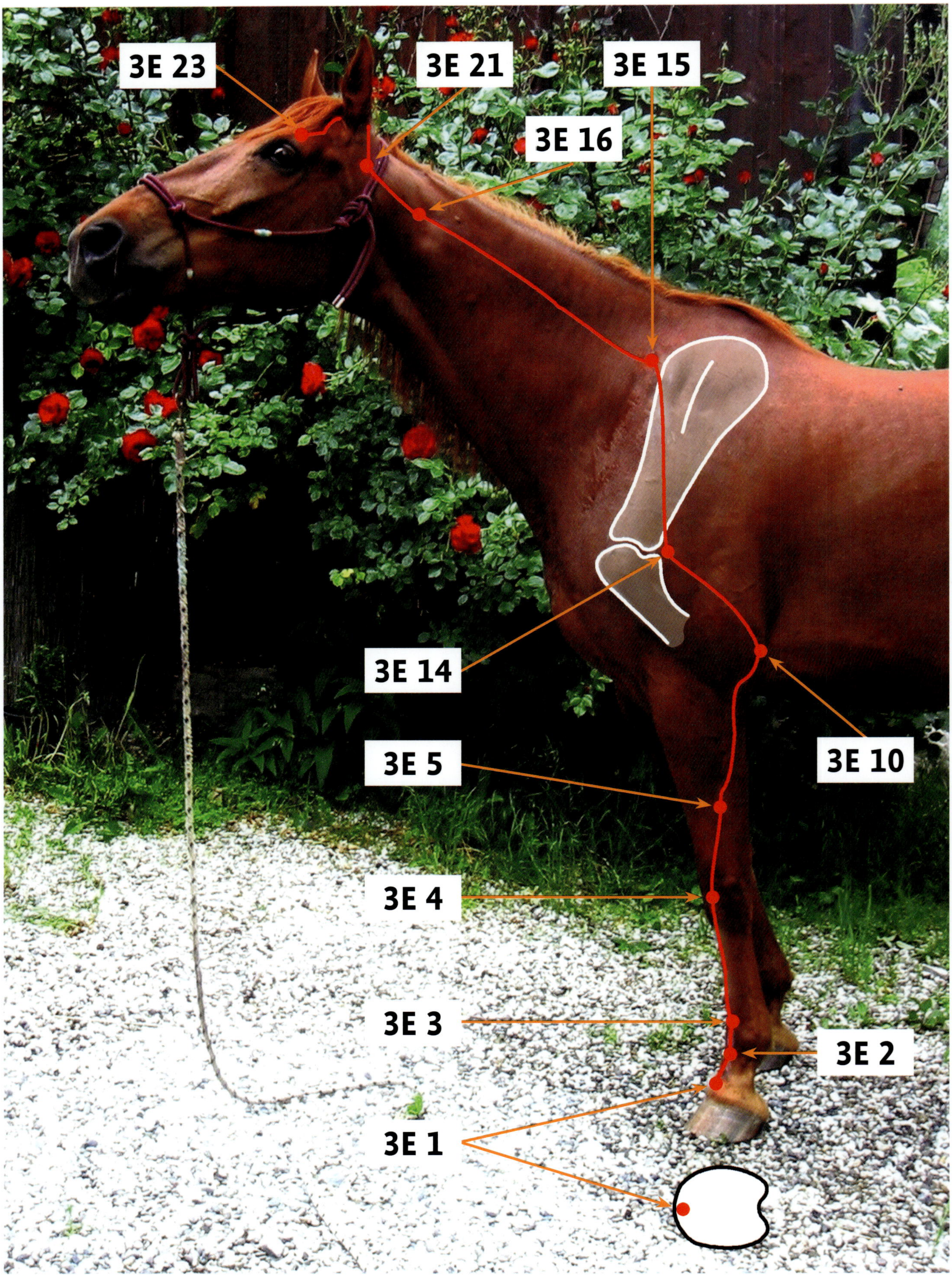

Eignet sich hervorragend zur Linderung von Arthroseschmerzen, besonders bei älteren oder kalt gehaltenen Pferden.

3E 1 Tingpunkt.
Harmonisiert den ganzen Meridian. Schmerzlindernd.

3E 4 Auf dem Karpalgelenk.
Zusammen mit allen anderen Punkten des 3E bei Einknicken des Vorderbeines.

3E 5 In einer Muskelrinne, ein Drittel der Unterarmlänge näher beim Karpalgelenk.
Bringt die Energie des ganzen Vorderbeines zum Fließen. Lahmheiten, alle Vorderbeinprobleme.

3E 10 Knapp über dem Ellbogen.
Nicht gebräuchlich, komplettiert Linienführung.

3E 14 Im Winkel von Schulterblatt und Oberarmknochen.
Schultergelenkprobleme, Lungenprobleme.

3E 15 Ein Drittel der Schulter-Hals-Linie.
Testpunkt für den Fesselträgerapparat und die Bänder.

3E 16 Zwischen dem 2. und dem 3. Halswirbel.
Testpunkt für Schmerzen im Fesselgelenk.

3E 21 In der rechtwinkligen Abbiegung einer Rinne hinter dem Ohr.
Wirkung auf den obersten Halswirbel.

3E 23 Am Oberlid ein Drittel vom äußeren Augenwinkel.
Augenprobleme.

Milz-Meridianpunkte (YIN)

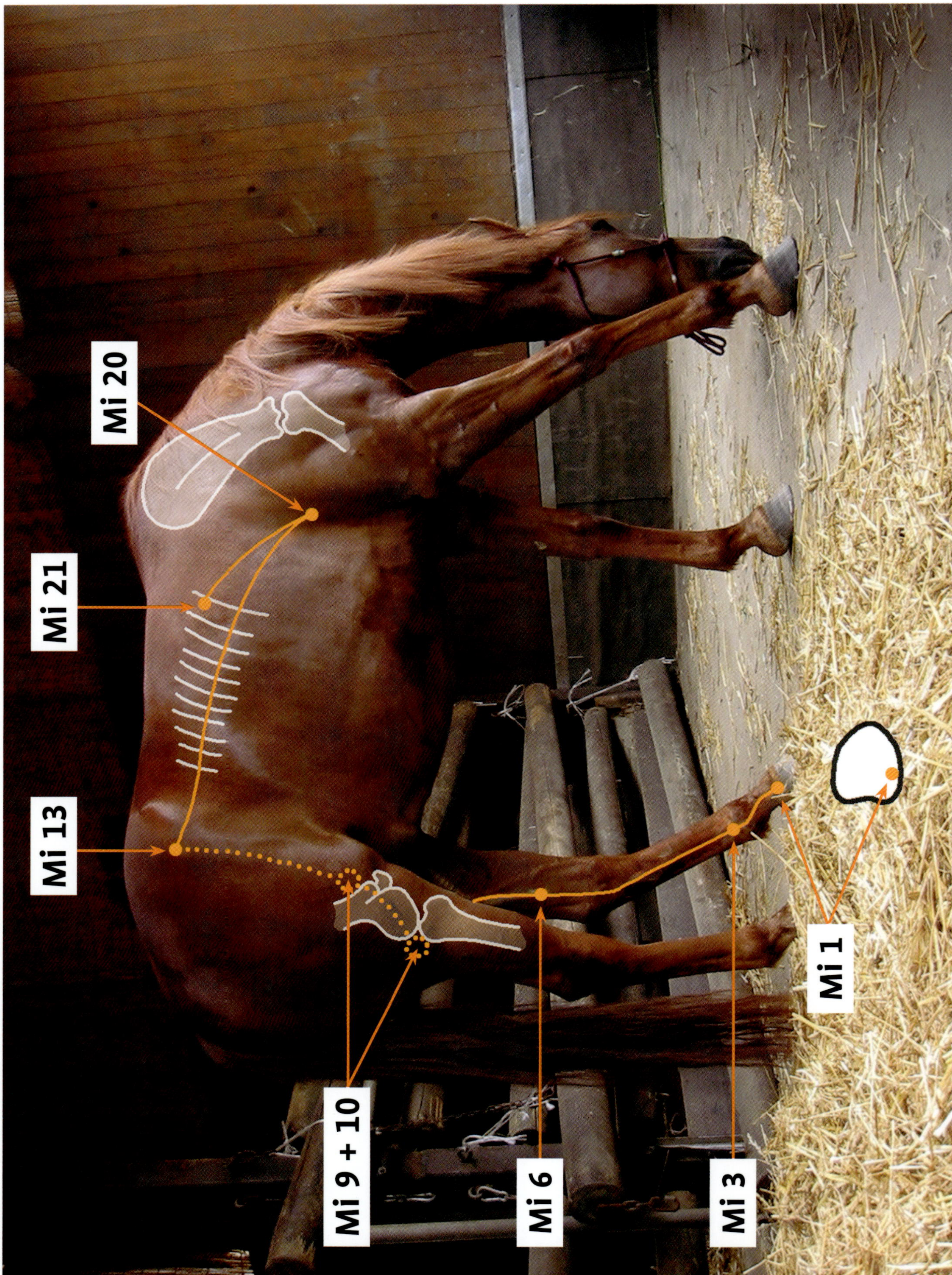

Mi 1 Tingpunkt.
Harmonisiert den ganzen Meridian.

Mi 3 Über dem Fesselgelenk.
Gestresstes Erd-Pferd. Balanciert Erd-Energie aus.
Punkt für Ausnahmesituationen, Reisen, Neues, Wechsel.

Mi 6 5 bis 6 Finger über der Mitte des Sprunggelenks innen.
Kreuzungspunkt der großen YIN-Meridiane Milz-Leber-Niere.
Allgemein Stoffwechsel anregend.
Durchfall, Ödeme.
Aufbau und Regeneration.
Achtung: Verboten bei trächtigen Stuten.

Mi 9 + 10 Im Kniebereich Bein-Innenseite.
Mit der warmen, flachen Hand reiben.
Wärmt und energetisiert den Beckenraum.

Mi 13 Etwas unterhalb des Hüfthöckers.
Der Meridianabschnitt von Mi 13 bis Mi 21 verbessert die seitliche Biegung des Rumpfes.

Mi 21 Im 10. Zwischen-Rippenraum, von hinten gezählt.
Probleme mit der seitlichen Biegung, Atembeschwerden (gleich wie Mi 20).

Mi 20 Etwas tiefer als Schulter/Oberarmgelenk.
Probleme mit der seitlichen Biegung, Atembeschwerden.

Magen-Meridianpunkte (YANG)

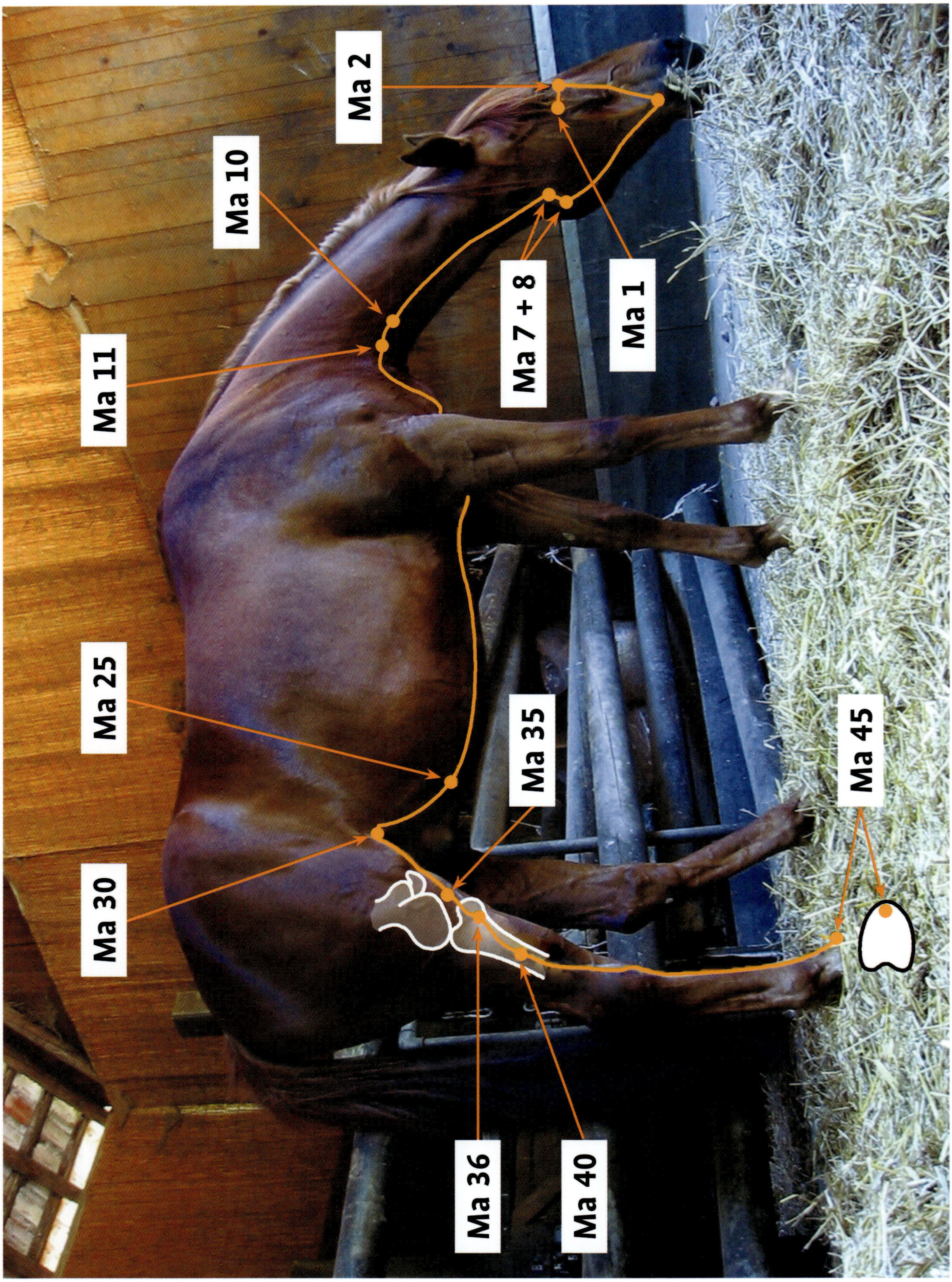

Ma 1 Am unteren Augenlid.
Beruhigung.

Ma 2 Im kleinen Venendreieck am inneren Augenwinkel.
Stress, Kummer, Kolik.

Ma 7 + 8 Auf der Ganasche.
Bei Empfindlichkeit: Zähne kontrollieren.

Ma 10 An der Halsbasis, in der Verlängerung der Drosselrinne. Druck nach schräg oben.
Testpunkt für die Kniegelenke.

Ma 11 Etwa 3 Finger über Ma 10.
Immunschutz stärken.

Ma 25 Eine Handbreit neben dem Nabel.
Dickdarm-Alarmpunkt.

Ma 30 Auf der Spannhaut innen.
Anwendung nicht gebräuchlich.

Ma 35 Auf dem Knie.
Knieschmerzen.

Ma 36 Unter dem dritten „Buckel" am Knie, oben am Schienbein.
Lethargie, Stagnation, Meisterpunkt des Immunsystems.
Starker YANG-Kraftpunkt.
Zerschlägt Blockaden.

Ma 40 Auf halber Strecke zwischen Kniegelenk und Sprunggelenk auf dem Muskelhügel, etwas zur Beinvorderseite hin.
Zerstört Warzen.

Ma 45 Tingpunkt.
Harmonisiert den ganzen Meridian.

S

Konzeptionsgefäßpunkte (YIN)

Kg 1 Unter dem Anus.
Anwendung dieses Punktes nicht gebräuchlich, ist nur wegen der Linienführung eingezeichnet.

Kg 8 Auf dem Nabel. Lässt sich ein Pferd an dieser Stelle nicht gern anfassen, dann kratzen Sie mit dem Fingernagel den Punkt Gb 41 auf dem Gallen-Meridian.
Entspannt und kräftigt die Bauchregion.
Konzentration, Nervosität, Unruhe. Sehr wichtiger Punkt für die Tragkraft.

Kg 12 In der Mitte zwischen Nabel und dem unteren Brustbeinende.
Wirkt auf den Magen.

Kg 14 Am unteren Brustbeinende (nicht tastbar) in der Nähe des Scheitelpunktes zweier V-förmig angeordneter Muskelwülste.
Wirkt auf das Herz.

Kg 17 Auf Höhe der Ellbogen.
Wirkung auf das Perikard (Herzbeutel).

Kg 22 Am oberen Brustbeinende (gut tastbar).
Husten, Lungen- und Bronchialprobleme.

Kg 24 Auf der Unterlippe.
Wird in der Akupressur nicht verwendet (regt die meisten Pferde zum Schnappen an).

S Lenkergefäßpunkte (YANG)

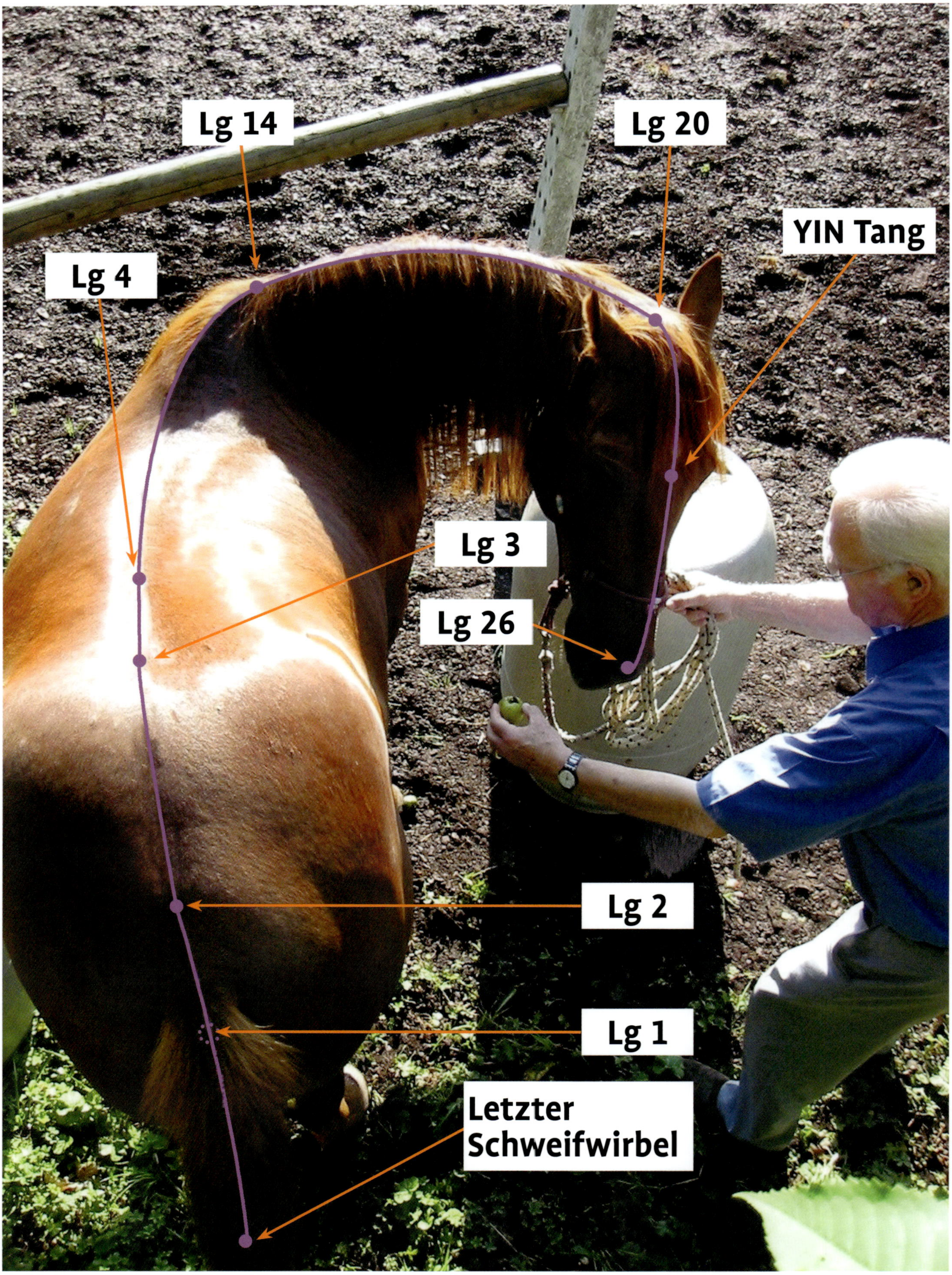

Fließrichtung: Die international geltende Nummerierung weist auf eine Fließrichtung von hinten nach vorn.
Nach meiner Erfahrung erzielt man gute Resultate, wenn man beim Durchziehen des Meridians am Lg 26 beginnt und den Meridian nach hinten zieht.

Letzter Schweifwirbel Notfallpunkt.
Kolik, Schmerzen.

Lg 2 Am Schweifansatz. Sanfter Druck. Bereiche daneben mit stärkerem Druck massieren.
Schieftragen des Schweifes.

Lg 3 In der Vertiefung vor der höchsten Stelle der Kruppe (Chin.: Bai Hui).
Führt Energie zum hinteren Drittel des Pferdes.

Lg 4 Gegenüber dem Nabel (Chin.: Tor des Lebens). Sanfter Druck.
Rückenbeschwerden. Stärkt die Bauchregion.

Lg 14 Im Axthieb vor dem Widerrist.
Immunsystem. Bei akuten Erkältungssymptomen, stimmungsaufhellend.

Lg 20 Auf der höchsten Stelle des Kopfes. Mit der hohlen Hand halten.
Bei Verwirrung, bei Pferden mit einer „Geschichte“.

YIN Tang Auf der Stirnmitte zwischen den Augen (Drittes Auge).
Beruhigung, Klarsicht. Temperament- und Lernschwierigkeiten.

Lg 26 Die Lebenskraft anregender Punkt.
Wiederbelebung nach Überanstrengung.

Blasen-Meridianpunkte (YANG)

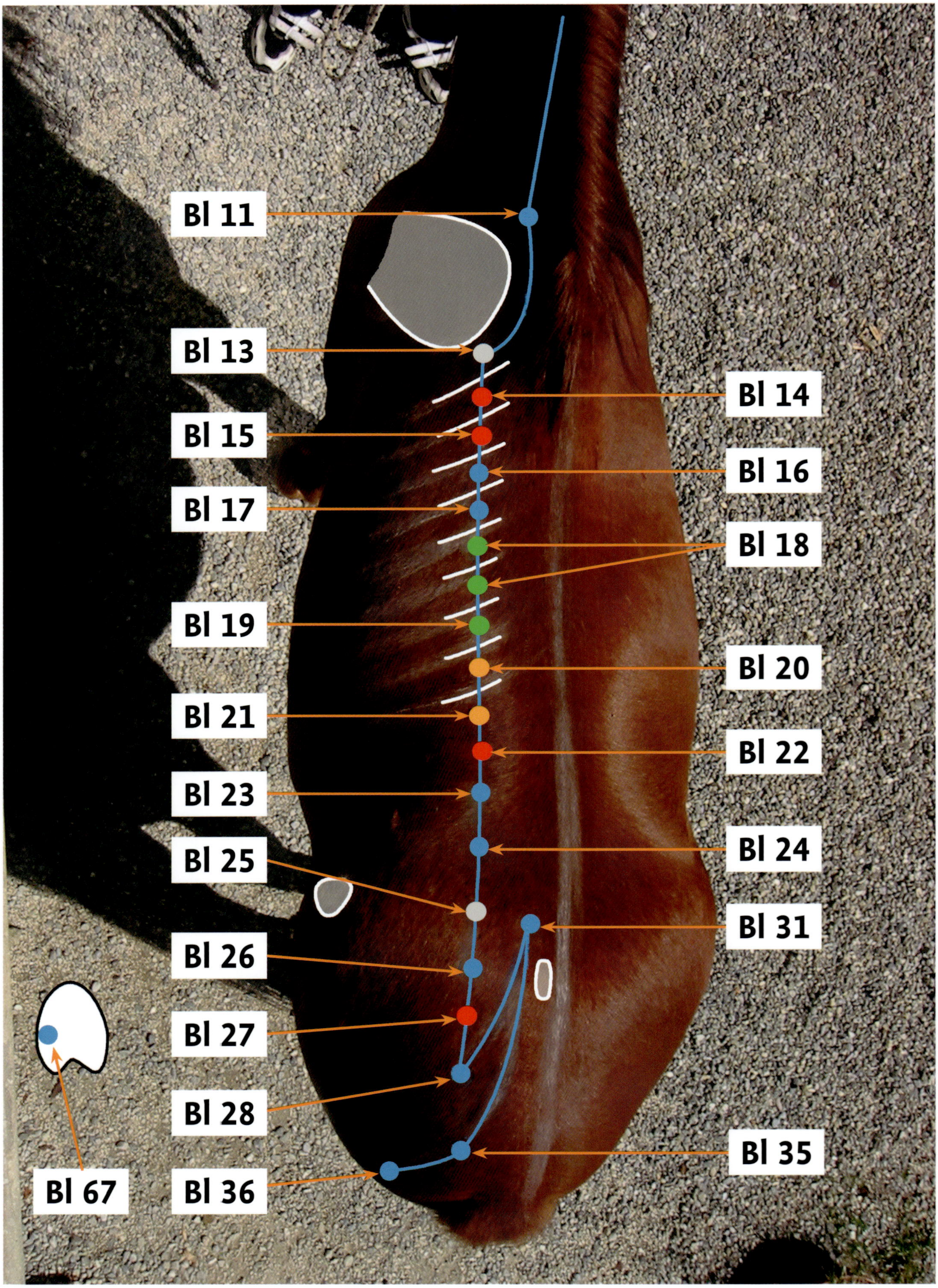

Blasen-Meridianpunkte: Zustimmungspunkte (Testpunkte)

Alle diese Punkte sind etwa eine Handbreit von der Rückenmittellinie entfernt

Bl 13 Nach dem Schulterblatt.
Lunge.

Bl 14 Im 8.-letzten Rippenzwischenraum.
Perikard.

Bl 15 Im 7.-letzten Rippenzwischenraum.
Herz.

Bl 16 Im 6.-letzten Rippenzwischenraum.
Lenkergefäß.

Bl 17 Im 5.-letzten Rippenzwischenraum.
Diaphragma (Zwerchfell).

Bl 18 Im 3.- und 4.-letzten Rippenzwischenraum.
Leber.

Bl 19 Im 2.-letzten Rippenzwischenraum.
Galle.

Bl 20 Im letzten Rippenzwischenraum.
Milz.

Bl 21 Nach der letzten Rippe.
Magen.

Bl 22 Dreifacher Erwärmer.

Bl 23 Niere.

Bl 24 Chi, Energie.

Blasen-Meridianpunkte: Zustimmungspunkte (Testpunkte)

Bl 25 Zwischen Hüfthöcker und Wirbelsäule.
Dickdarm.

Bl 26 Tor des Lebens (LG 4).

Bl 27 Dünndarm.

Bl 28 In einer deutlich fühlbaren Muskelrinne.
Blase.

Bl 31 Neben „Bai Hui".
Starke Wirkung auf die ganze Nachhand.

Bl 62 Außenseite Sprunggelenk auf flacher Stelle am Unterrand.
Aspirinpunkt, Schmerzpunkt.

Bl 67 Tingpunkt.
Harmonisiert den ganzen Meridian, stabilisiert Behandlungen im Blasen-Meridianbereich.

Assoziierte Punkte des Blasen-Meridians

Wie findet man die assoziierten Punkte (auch Zustimmungs- oder Testpunkte genannt)?

Fühlen Sie die Rippen. Fahren Sie mit der Hand der Wölbung der Rippen entlang. Im seitlichen Rumpfbereich können Sie bei schlanken Pferden mit der Hand deutlich die Konturen der Rippen fühlen. Im Rückenbereich neben der Wirbelsäule spüren Sie die Rückenmuskulatur, die den Rücken in Längsrichtung überzieht und die Rippen überlagert. Tasten Sie die Rückenmuskeln Richtung Rippen ab, Sie spüren den Übergang von Muskelgewebe zu den Rippen. Diesem Muskelrand entlang läuft der Blasen-Meridian. Die assoziierten Punkte befinden sich jeweils in den Rippenzwischenräumen. Sie finden die vorderen assoziierten Punkte am sichersten, wenn Sie an der letzten Rippe beginnen. Hinter der letzten Rippe liegt der assoziierte Punkt des Magens. Im Rippenzwischenraum der letzten und vorletzten Rippe liegt der assoziierte Punkt der Milz. Nun können Sie die weiteren Punkte abzählen. Dabei ist zu beachten, dass dem assoziierten Punkt Leber zwei Rippenzwischenräume zugeordnet sind.

Bei den meisten Pferden liegt der assoziierte Punkt der Lunge, wie auf dem Bild Seite 36 eingezeichnet, am Schulterblattrand. Dies kann sich aber je nach Lage des Schulterblatts verändern! Der Punkt kann auch etwas oberhalb liegen oder bei einem sehr steil liegenden Schulterblatt etwas davon entfernt. Zählen Sie die Rippenzwischenräume zur Orientierung!

Unebenheiten, Verspannungen oder raue Stellen im Fell, wo der Schmutz vermehrt hängen bleibt, im Bereich dieser Punkte zeigen an, wo der Energiefluss gestört ist. Mit sanften Streichungen und Massagen kann er angeregt und geglättet werden, was viel zur Erhaltung eines gesunden Rückens beiträgt. Blockaden und auffällige Stellen, die durch Massage nicht in Fluss gebracht werden können, weisen uns manchmal auf Probleme der entsprechenden Organe hin, vor allem, wenn sie trotz Massage immer wieder auftauchen.

Schlüsselbereiche für die Rittigkeit

Die Akupressur gibt uns Anwendungen an die Hand, die über eine eigentliche Gesundheitspflege hinausreichen. Jeder Reiter träumt von einem in der Bewegung geschmeidig schwingenden Pferd, das auf die feinsten Hilfen reagiert. Mit geeigneten Techniken der Akupressur können wir die Energie des Pferdes so ins Fließen bringen, dass wir diesem Traum näherkommen. Jeder Reiter kennt solche Glücksmomente, in denen alles stimmt. Wir erleben ein müheloses, wellenweiches Dahingleiten, das uns in wenigen Augenblicken reich entschädigt für alle Mühen der Pferdehaltung! Mithilfe der Akupressur lassen sich diese Glücksmomente vermehren und man könnte sagen, sie werden sogar mehr und mehr planbar. Jeder Reiter kann sich die nötigen Techniken aneignen.

In der Arbeit mit Kursteilnehmern und Pferden haben sich bestimmte Schlüsselbereiche herauskristallisiert, deren Pflege dem Pferd Energiefluss und Kraft bis ins Alter erhalten. Auf den folgenden Seiten finden Sie einige dieser Schlüssel und deren Pflege dargestellt und beschrieben.

1. Für einen klaren und ruhigen Geist: Genick und Drittes Auge halten

Die meisten Pferde haben eine ruhigere Seinsform als wir. Sie sind wach auf der Gefühlsebene und sind in Kontakt mit ihrer Umwelt. Gedanken ziehen wie Boote gelassen ihren Weg durch ihren ruhigen Geist. Sie sind unseren schnellen, mehrgleisig schießenden Gedanken oft nicht gewachsen. Unsere Gedankenflut gepaart mit nicht ganz eindeutigen Hilfen erzeugt beim Pferd oft eine Verwirrung. Als Folge davon bildet sich ein Stau im Kopf-/Genick-Bereich. Anwendung (s. dazu Abb. Seite 40 oben): Der Reiter lernt dem Pferd, auf leichteste Anzüge am Halfter, den Kopf zu senken. Bei vertrauensvollen Pferden geht dies schnell, bei Pferden die bereits eine „Geschichte" haben oder besonders sensibel/ängstlich sind, etwas länger. Stellen Sie sich nun seitlich neben den Kopf des Pferdes. Nehmen Sie ein paar tiefe, ruhige Atemzüge mit hörbarer Ausatmung, wie es Pferde tun, wenn sie signalisieren, dass sie sich ein Entspannungs-Päuschen gönnen und legen Sie dem Pferd eine Hand auf das Genick und die andere auf die Stirn (Drittes Auge). Lassen Sie die Hände eine Weile ruhig liegen. Schließt das Pferd die Augen, kaut und gähnt es, ist die Entspannung im Gange. Wiederholen Sie die Technik so oft Sie mögen. Sie werden mit der Zeit herausfinden, ob, wie oft und wie lange diese Methode für Ihr Pferd sinnvoll ist. Achten Sie darauf, dass Ihre Hände warm sind. Besonders wirkungsvoll ist es, wenn Sie sich vor der Anwendung ein bisschen Zeit nehmen und sich vorstellen, wie Sie von Sonnenlicht (oder einer anderen Lichtschwingung, die Ihnen angenehm ist) durchflutet werden. Dies erhöht die Wirkung Ihrer Hände bei allen Akupressuranwendungen.

2. Von Hals und Brustwirbelsäule: Halsbasis massieren

Am Übergang von den Halswirbeln zu den Brustwirbeln bildet die Wirbelsäule bei einer hohen Kopfhaltung einen Knick (schauen Sie einmal genau hin, wo die Wirbelsäule im Hals liegt; auf der Meridiantafel des Dickdarms, s. Seite 10, ist es gut zu sehen). Das Wirbelgelenk zwischen dem letzten Halswirbel und dem ersten Brustwirbel hat eine hohe Beweglichkeit und reagiert sehr schlecht auf Druck und seitlichen Zug. Bei unsanfter Zügelführung mit Dauerdruck und Sägen, aber auch bei „Notbremsungen" bildet sich im Bereich des Übergangs von den Halswirbeln zu den Brustwirbeln eine Verspannung, die sich mit der Zeit auf die Schulter, den Rücken und die Vorderbeine ausbreitet. Sie ist dadurch eine echte „Sollbruchstelle" am Pferd und für viele Rittigkeitsmängel die eigentliche Ursache (Asymmetrie der Schulter, nach unten gedrückter und festgehaltener Rücken). Sie kann akut auftreten oder sich als schleichendes Verspannungsmuster langsam bilden. Bringt man die Energie in diesem Bereich wieder zum Fließen, kann sich die Beweglichkeit und Symmetrie der Schulter verbessern, die Vorderbeine werden besser durchblutet und auch der Rücken kann wieder schwingen.
Anwendung (s. dazu Abb. Seite 40 oben): Da dieses Gelenk unter dem Schulterblatt liegt, muss es über eine Reflexzone angegangen werden. Visualisieren Sie einen Moment, wie Sie von Sonnenlicht durchflutet werden, und greifen Sie dann mit der warmen Hand auf die Stelle, die auf dem Bild grün markiert ist (vergleiche Meridiantafeln Di 16, Ma11, Ma10). Umfassen Sie den deutlich zu fühlenden Muskel mit der Hand. Fühlt sich das Gewebe weich, warm und elastisch an, ist dies ein Zeichen für die Gesundheit des Bereiches. Fühlen Sie hingegen verhärtete Stränge und zeigt das Pferd eine Abwehrreaktion, liegt eine schmerzhafte Verspannung vor. Bei mäßigen Verspannungen wird die Stelle vorsichtig mit langsamen Bewegungen und mit warmen Händen sanft geknetet sowie durch langsame Streichungen durchgängig gemacht. Bei einer starken Schmerzreaktion halten Sie die Stelle zunächst nur sanft. Normalerweise tritt nach einigen Tagen dieser vorsichtigen Behandlung eine Besserung ein. Manchmal bewährt sich eine Anwendung von Wärme (durch eine Wärmepackung oder Moxibustion).

3. Für einen gesunden Rücken: Pflege der Sattellage

Die außerordentlich beanspruchten Haut-, Faszien- und Muskelgewebe der Sattellage verdienen ganz besonders unsere Aufmerksamkeit. Eine geschmeidig und elastisch bemuskelte, schmerzfreie Sattellage ermöglicht das Auf-

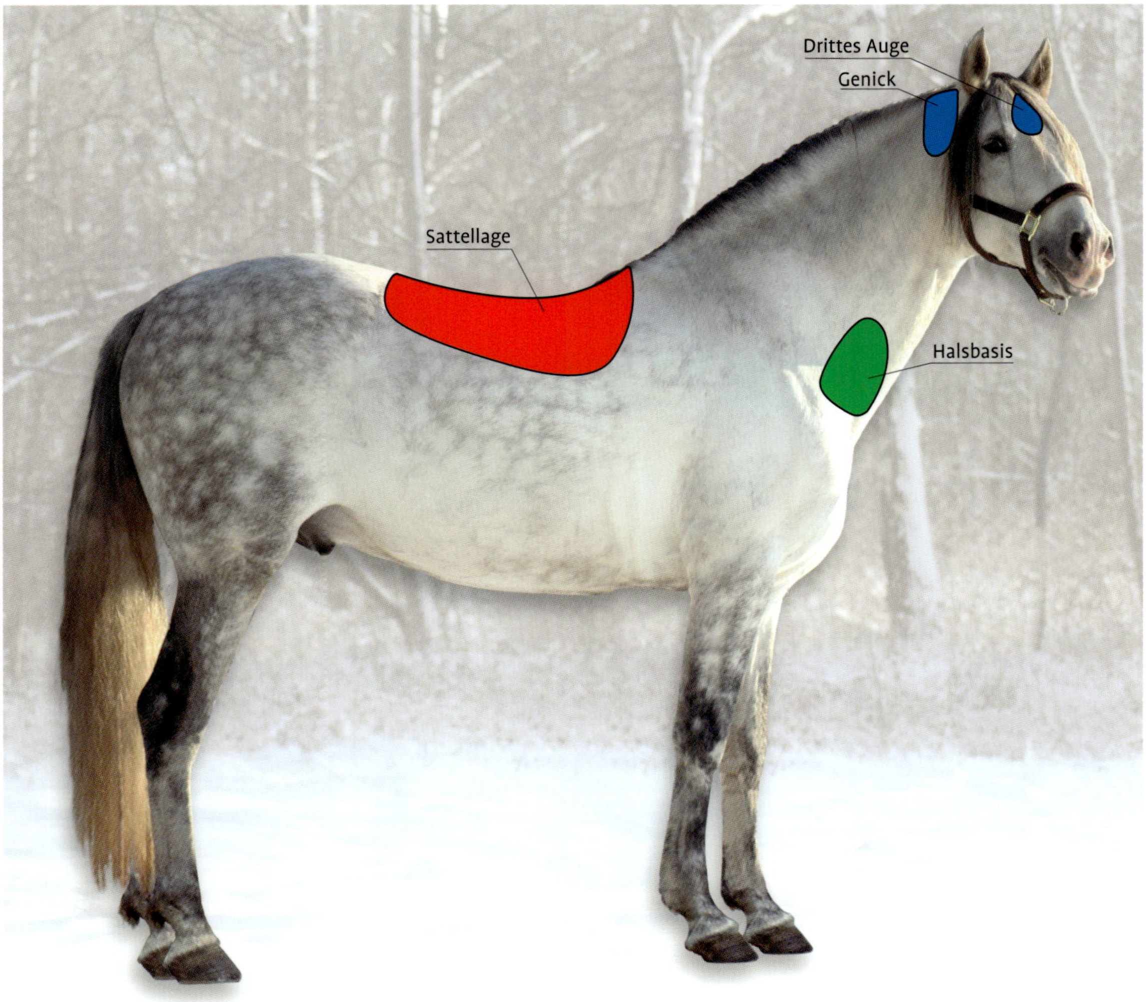
Drittes Auge
Genick
Sattellage
Halsbasis

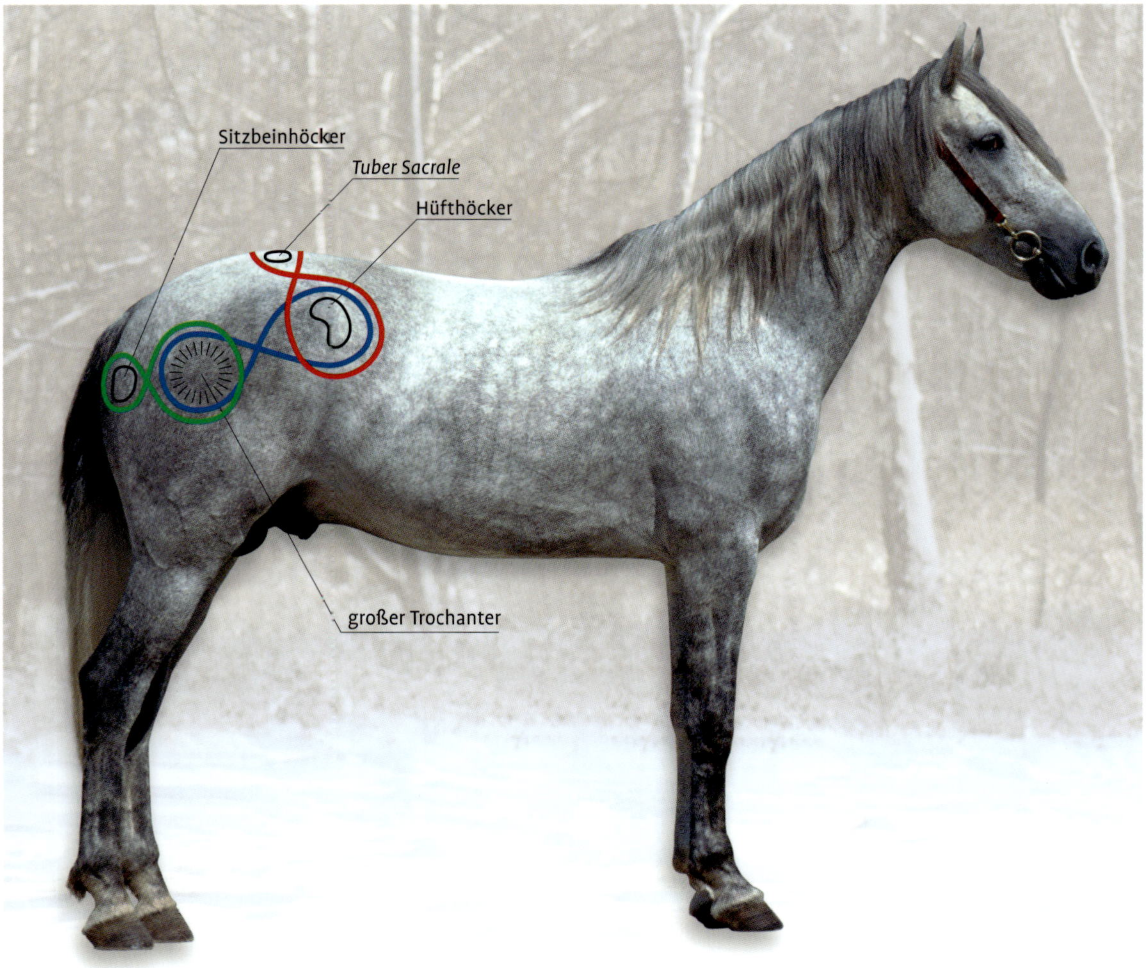
Sitzbeinhöcker
Tuber Sacrale
Hüfthöcker
großer Trochanter

wölben des Rückens, was wiederum eine Bedingung für das Untertreten der Hinterbeine ist.
Anwendung (s. dazu Abb. Seite 40 oben): Mit der warmen Hand streichen Sie vom Widerrist aus über die Sattellage. Alle auffälligen Stellen (Stellen mit rauem Fell, Verhärtungen, Vertiefungen) sanft halten, bis das Pferd Entspannungszeichen zeigt (Kopf senken, Augen schließen, Lippen lecken, Kauen, vermehrte Bauchgeräusche). Abwechselnd halten und streichen, bis sich der Rücken gleichmäßig seidig, elastisch und warm anfühlt. Pferde mit starken Schmerzen gehören in die Hände eines fachkundigen Behandlers. Pferde, die nach dem Schulterblatt eine Grube haben und deren Muskulatur im Sattelbereich zurückgebildet ist, brauchen einen Sattel mit speziellem schulterfreundlichem Bau.

4. Für eine gute Verbindung mit der Nachhand: Beckengelenke energetisieren

Im Beckenbereich befinden sich viele wichtige Gelenke, deren energetische Versorgung von entscheidender Bedeutung ist für die Kraft des Pferdes. Es gibt Gelenke mit einer eingeschränkten und Gelenke mit einer starken Beweglichkeit. Für sie alle gilt: Sind sie nicht genügend energetisch durchflossen, vermindert sich ihre Versorgung mit Gelenkschmiere. Die Knorpelschicht wird dünner, die Gelenkflächen können sich verkleben und gleiten nicht mehr gut aufeinander. Typische Anzeichen für die Verspannung dieser Gelenke sind: Das Pferd findet im Trab keine ruhige, rhythmisch schwingende Halshaltung. Es sucht bei jedem Schritt neu einen Platz für seinen Kopf. Dies ergibt einen gestörten Takt. Der Reiter spürt keine oder eine mangelhafte Verbindung zu den Hinterbeinen und der Rücken schwingt nicht. Außerdem kann der Atlas eine Fehlrotation zeigen, wenn die Blockaden auf einer Seite stärker sind. Der Atlas ist der oberste Halswirbel. Er hat eine drehende Bewegungsfreiheit und seine Flügel, die man im Bereich der Kieferknochen seitlich oben am Hals mit den Händen ertasten kann, können nach rechts oder links rotiert sein, das heißt, die beiden Flügel befinden sich dann nicht auf der gleichen Höhe. Sind diese Anzeichen vorhanden, sind in der Regel die Beckengelenke nicht durchgängig.
Anwendung (s. dazu Abb. Seite 40 unten): Um diese Gelenke mit mehr Energie zu versorgen, gibt es eine sehr einfache und effektvolle Anwendung. Mit einem angespitzten Holzstäbchen (Baumarkt, Holzstange etwa in Bleistiftdicke auf die passende Länge zuschneiden, im Bleistiftspitzer anspitzen, Spitze glattschleifen) oder mit einem Metallmassagestäbchen fährt man in Achterschleifen mit leichtem Druck um die Beckengelenke und um die Erhebungen und tastbaren Knochenhügel der Kruppe, siehe Bild.

Die Druckstärke muss so fein sein, dass das Pferd nicht zuckt. Es geht darum, der Energie sanft den Weg zu zeigen. Nach einigen Minuten beginnt vermehrt Energie zu fließen und die Pferde versinken in eine tiefe Entspannung. Sie brauchen ein bisschen Geduld. 10 Minuten für die eine Seite und 10 Minuten für die andere, werden normalerweise schon eine spürbare Verbesserung bringen. Geben Sie nicht zu schnell auf und wiederholen Sie die Anwendung!

5. Zum Abschluss kommen: Innere Kräfte anregen

Ganz zum Schluss reiben Sie dem Pferd mit warmen Händen kräftig die Innenseite der Hinterschenkel. Vorsicht bei Pferden, für die Berührungen an dieser Stelle neu sind! Die meisten Pferde werden dies fast auf Anhieb zu schätzen wissen. Sie regen damit den Energiefluss in den inneren Organen an und stärken das Wurzelchakra. Es ist eine ausgezeichnete Anwendung, um die Massagestunde zu beenden.

Probieren Sie die Anwendungen aus, Sie werden schnell herausfinden, was Ihrem Pferd gut tut und was seine Losgelassenheit und Kraft verbessert. Ich wünsche Ihnen und Ihrem vierbeinigen Kameraden viele schöne Erlebnisse in der Ruhe und auch in der gemeinsamen Bewegung.

Linke Seite oben:
Blau: Genick und Drittes Auge halten.
Grün: Halsbasis massieren.
Rot: Pflege der Sattellage.

Linke Seite unten:
Blau: Achter um großen Trochanter und Hüfthöcker.
Grün: Achter um Sitzbeinhöcker und großer Trochanter.
Rot: Achter um Hüfthöcker und *Tuber sacrale*.

Tingpunkte

Mit den Tingpunkten lässt sich die YIN- oder YANG-Ladung
eines Meridians ausgleichen. Sie befinden sich in einer Rinne über dem Kronrand.

Ting 1	Lunge.	**Ting 7**	Herz.
Ting 2	Dickdarm.	**Ting 8**	Dünndarm.
Ting 3	Niere.	**Ting 9**	Perikard.
Ting 4	Blase.	**Ting 10**	Dreifacher Erwärmer.
Ting 5	Leber.	**Ting 11**	Milz.
Ting 6	Galle.	**Ting 12**	Magen.

Tingpunkte an
den Vorderbeinen:

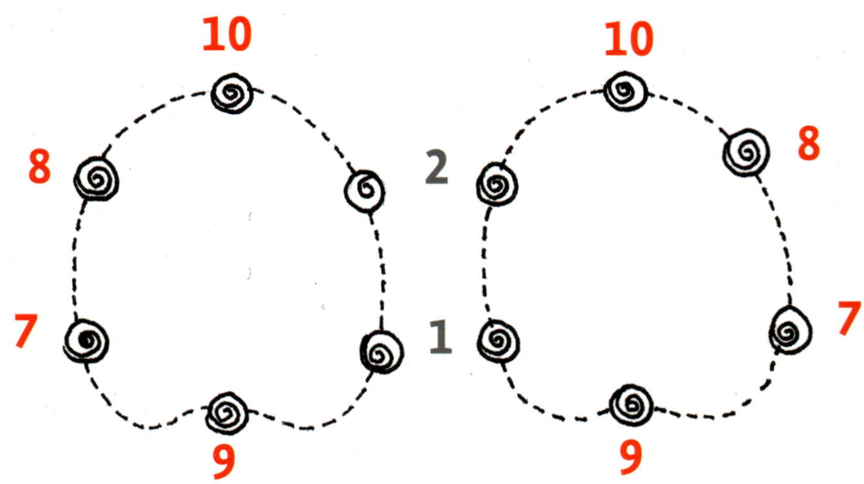

Tingpunkte an
den Hinterbeinen:

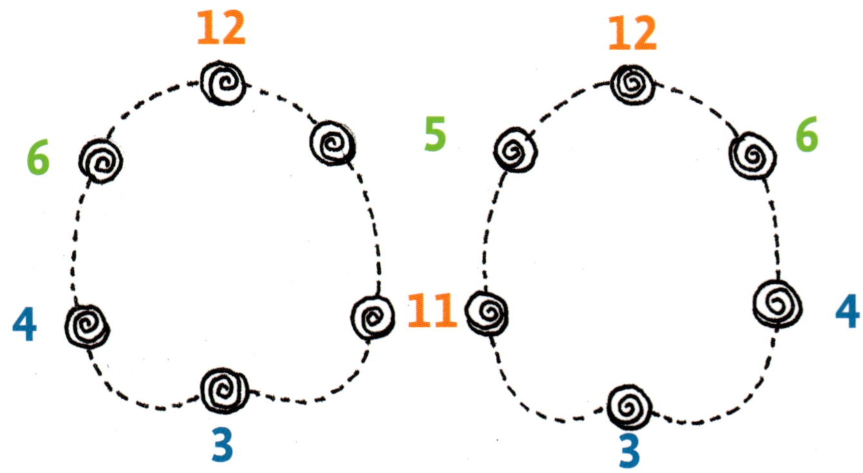

Die Tingpunkte

An den Tingpunkten tritt ein Meridian jeweils aus dem Inneren des Körpers an die Körperoberfläche oder taucht von der Körperoberfläche ins Innere des Körpers ab: Dies sind die Anfangs- oder Endpunkte der Hauptmeridiane. Die Tingpunkte liegen über dem Kronrand in der Rinne, die aus der Gelenkspalte zwischen Kronbein und Fesselbein gebildet wird, und sind leicht zu finden: An jedem Fuß finden sich sechs Tingpunkte, ein Punkt vorne und einer hinten an der tiefsten Stelle zwischen den Ballen und zwei auf jeder Seite in nahezu gleichen Abständen von Punkt zu Punkt. Die Tingpunkte von Perikard, Herz, Dünndarm, Dreifacher Erwärmer, Dickdarm und Lunge befinden sich an den Vorderbeinen (symmetrisch gespiegelt). Die Tingpunkte von Niere, Blase, Galle, Magen, Leber und Milz befinden sich an den Hinterbeinen, ebenfalls symmetrisch gespiegelt. Das Massieren der Tingpunkte wirkt harmonisierend auf den Energiefluss im jeweiligen Meridianverlauf. Fühlen Sie auf einem Tingpunkt ein kleines, mehr oder weniger prall gefülltes und warmes Kissen, weist dies auf eine Energiefülle im entsprechenden Meridian hin. Spüren Sie ein weitestgehend hartes und kaltes Grübchen, deutet dies auf eine Energieleere im dazugehörigen Meridian hin. Bei unbeschlagenen Pferden fühlen sich die Tingpunkte meistens wärmer und voller an als bei beschlagenen. Finden Sie auf einem der Tingpunkte eine Kruste, die sich nach dem Entfernen immer wieder neu bildet, kann dies ein Hinweis sein auf eine Gesundheitsstörung des entsprechenden Organs (eventuell fachkundigen Behandler zu Rate ziehen).

Für Druckstärke und Drehrichtung des massierenden Fingers richten Sie sich nach den Reaktionen des Pferdes. Senkt das Pferd den Kopf und geht in eine Art Heil-Trance, sind Sie auf dem richtigen Weg. Wird das Pferd beim Bearbeiten der Tingpunkte unruhig, wendet man oft zu viel Druck an. Feine, kreisende Berührungen sind meist wirkungsvoller. Bei der Arbeit an einem Punkt können Sie nach einem Weilchen oft ein Pulsieren wahrnehmen. Dies ist erwünscht und deutet darauf hin, dass der Punkt „erwacht“ ist. Diese Reaktion tritt aber nicht immer auf. Es ist auch möglich, nicht nur die sechs einzelnen Punkte, sondern gleich den ganzen Kronrand zu massieren.

Das Massieren der Tingpunkte wirkt auf Psyche und Körper allgemein ausgleichend und entspannend. Eine besonders günstige Wirkung erzielen Sie bei unruhigen Pferden, die wenig „Bodenhaftung“ haben.

Das Pferd als Therapeut

Wie Menschen sind auch Pferde mit speziellen Eigenschaften und individuellen Talenten ausgestattet. In Pferdeherden, die naturnah ganzjährig auf großen Standweiden leben, kann man diese Spezialisierungen besonders gut beobachten: „das Frühwarnsystem“, die übermütigen und verspielten Youngsters, die ruhigen, weisen Alten, der Chef und die Chefin mit ihren nahen Freunden, die freundlichen, hegenden Mütter und – neben vielen anderen – die Heiler. Auch sie verbringen, wie alle Pferde, die meiste Zeit mit Grasen, einen kleineren Teil mit Ruhen, aber eben auch einen Teil ihrer Zeit mit Heilarbeit. Sie beknabbern die steifen Sprunggelenke alter Pferde, die diese Bemühungen mit Entspannungszeichen wie Gähnen und Streckbewegungen quittieren. Oder sie versuchen sich dann und wann an einem Menschen, befreien ihn durch das Beknabbern seiner Gallepunkte an der Schädelbasis von Kopfschmerzen. Nur Zufall? …

Die mütterliche Heilerin

Auch Stuten versorgen ihre Fohlen mit heilender Energie. Wenn sich ein Fohlen ängstigt, kann man beobachten, wie die Mutter ihre Nüstern sanft über Kopf, Mähnenkamm und Rücken des Fohlens gleiten lässt und es dabei mit ihrem warmen Atem sanft anhaucht. Manchmal schenken sie diese Geste auch einem Menschen. Wenn sie selbst einmal in den Genuss dieser Stutenzärtlichkeit kommen, werden sie diesen Moment sicher nie mehr vergessen.

Massage unter Freunden

Die am häufigsten zu beobachtende Heiltechnik unter Pferden ist das gegenseitige Rubbeln und Beknabbern der Widerristpartie und des Rückens. Zwei Pferde nähern sich einander aus entgegengesetzten Richtungen, gehen im Seitengang von schräg vorne langsam aufeinander zu. Nebeneinander angekommen „fragt" eines der Pferde durch ein vorsichtiges Abtasten des Widerrists mit geschürzter Oberlippe um Erlaubnis. Willigt das andere Pferd ein, indem es mit einer ähnlichen Geste antwortet, nimmt das Ritual seinen Lauf: Auf das anfänglich noch vorsichtige Tasten folgt ein immer intensiver werdendes Rubbeln mit der zu einem dicken „Massagegerät" geformten, sehr beweglichen Oberlippe. Langsam arbeiten sie sich über den Rücken Richtung Schweif vor. Nicht selten gehen die Pferde an einem gewissen Punkt dazu über, sich regelrecht rhythmische Hiebe zu versetzen. Stuten bringen ihr Ge- oder Missfallen dabei mit leisen und lauten Quietschtönen unmissverständlich zum Ausdruck.

Ein Pferd zur gegenseitigen Massage einladen

Unter günstigen Voraussetzungen akzeptiert ein Pferd auch einen Menschen als Massage-Partner. Die hier beschriebene Vorgehensweise kann sehr viel gegenseitige Freude und große Entspannung bringen. Wenn Sie aber noch nicht lange mit Pferden zu tun haben und noch Mühe haben, Pferde und ihre Verhaltensweisen richtig einzuschätzen, haben Sie bitte Geduld und lassen Sie diese Anwendung zu Ihrer eigenen Sicherheit vorerst noch weg!

Wichtige Sicherheitshinweise für den ersten Versuch

Wählen Sie für Ihre ersten Versuche unbedingt ein Pferd aus, das Ihnen vertraut ist, das körperliche Nähe zum Menschen mag und das niemals beißt! Wählen Sie ein ruhiges, sensibles Tier, das Sie sehr gut kennen. (Gehen Sie ruppigen Sportsfreunden mit einem etwas eigenwilligem Sinn für Humor zu Ihrer Sicherheit aus dem Weg. Für diese Art der physischen Mensch-Tier-Kommunikation sind eher nachdenklichere Charaktere geeignet.)

Für einen ersten Versuch ist es am sichersten, wenn Sie das Pferd an seinem vertrauten Putzplatz anbinden. Tragen Sie eine Jacke, die etwas aushält. Die Oberlippe eines Pferdes ist mit feinen, leicht borstigen Härchen überzogen und die kraftvollen Bewegungen können menschliche Haut im Nu wundscheuern.

Das Vorgehen

Das Ende einer gemütlichen Putzstunde (oder natürlich auch einer Akupressur-Behandlung) ist der günstigste Moment für folgende Prozedur: Stellen sie sich dem Pferd zugewandt auf die Höhe seiner linken Schulter hin. (Wenn Sie oder das Pferd die andere Seite bevorzugen, ist das natürlich auch in Ordnung.) Wenn Sie nun auf der linken Seite des Pferdes stehen, fassen Sie mit der rechten Hand an seinen Widerrist. Mit gekrümmtem Zeige- und Mittelfinger imitieren Sie nun eine geschürzte Pferde-Oberlippe. Massieren Sie damit kräftig die Stelle zwischen Hals und Widerrist. Mit der anderen Hand fassen Sie an seine Oberlippe und kraulen diese mit den Fingerkuppen. In den allermeisten Fällen löst dies einen Reflex aus: Die Oberlippe des Pferdes wird kreisende Bewegungen ausführen. Lassen Sie nun das Pferd Ihre Hand massieren. Wenn dies glückt, platzieren Sie langsam Ihren Arm so, dass das Pferd erst Ihren Unterarm, dann den Oberarm und schließlich die Schulterpartie und den Bereich des Schulterblatts erreicht. Achten Sie darauf, dass das Pferdemaul nicht zu nahe an Ihren äußerst verletzlichen Nacken kommt. Durch Ihre Haltung können Sie bestimmen, welche Körperpartie Sie zur Bearbeitung freigeben. Achten Sie immer auf das schmatzende Geräusch, das entsteht, wenn das Pferd das Maul öffnet! Drehen Sie sich dann sofort ab und beenden sie die Massage, bevor das Pferd versucht, Sie mit seiner oberen Zahnreihe zu bearbeiten.

Sensible Pferde werden schnell begreifen und manche wissen instinktiv, wo Ihre Verspannungen gelöst werden wollen. Mit großer Sicherheit finden sie die entscheidenden Stellen. Besonders wohltuend sind bestimmte Akupressur-Punkte ums Schulterblatt, die man selbst nicht erreichen kann.

Viele Pferde haben großen Spaß, mit ihrem Menschen solch eine „soziale Fellpflege" zu betreiben. Es stärkt die Bindung zwischen Mensch und Pferd. Es ist eine wirkliche Begegnung auf Augenhöhe mit dem fühlenden Lebewesen Pferd. Und zudem werden dabei auch noch Glückshormone ausgeschüttet, was der Gesundheit beider zugutekommt. Viel Spaß beim Ausprobieren!

ulmer

AKUPRESSURPUNKTE EINFACH FINDEN

Akupressur ist eine Massagetechnik, die sich leicht erlernen lässt und mit deren Hilfe man das Wohlbefinden seines Pferdes steigern und es gesund erhalten kann: Muskelverspannungen werden gelöst, das Immunsystem gestärkt und Heilkräfte aktiviert.

Auf den praktischen, übersichtlichen und abwischbaren Tafeln in diesem Buch findet jeder Interessierte schnell die Stellen, an denen er durch Akupressur die Gesundheit seines Tieres verbessern kann.

Für jeden, der sein Pferd auf sanfte Art gesund erhalten will.

Lisbeth Traffelet hat als Akupressurtherapeutin viele Menschen in die Pferde-Akupressur eingeführt, die nun ihrerseits dieses Wissen als Therapeuten und Lehrer weitergeben.

„Auf den praktischen und übersichtlichen Tafeln in diesem Buch findet jeder Interessierte die Stellen, an denen er durch Akupressur die Gesundheit seines Tieres verbessern kann."

PFERDESPORT Journal

ISBN 978-3-8186-2365-4

9 783818 623654

ulmer.de

Das Team

Bilder und Texte: Lisbeth Traffelet, Akupressur-Therapeutin.
Bildbearbeitung: Iris Höchener, Barhufpflegerin, Computer-Fachfrau, hoechener@barhufpflege.ch, www.barhufpflege.ch
Bildbearbeitung, anatomische Grafiken: Daniel Holzmann, WebPublisher/-Designer, holzmann@danho.ch, www.danho.ch

Impressum

Die in diesem Buch enthaltenen Empfehlungen und Angaben sind von der Autorin mit größter Sorgfalt zusammengestellt und geprüft worden. Eine Garantie für die Richtigkeit der Angaben kann jedoch nicht gegeben werden. Autorin und Verlag übernehmen keinerlei Haftung für Schäden und Unfälle. Der Leser sollte bei der Anwendung der in diesem Buch enthaltenen Empfehlungen sein persönliches Urteilsvermögen einsetzen.

Bibliografische Information der Deutschen Nationalbibliothek
Die Deutsche Nationalbibliothek verzeichnet diese Publikation in der Deutschen Nationalbibliografie; detaillierte bibliografische Daten sind im Internet über http://dnb.d-nb.de abrufbar.

Wollgrasweg 41, 70599 Stuttgart (Hohenheim)
E-Mail: info@ulmer.de
Internet: www.ulmer.de

Lektorat: Gabi Franz, Kathrin Gutmann
Herstellung: Ulla Stammel, Verlag Eugen Ulmer
Umschlaggestaltung: Verlag Eugen Ulmer
Satz: r&p digitale medien, Leinfelden-Echterdingen
Reproduktion: timeRay Visualisierungen, Jettingen
Druck und Bindung: W. Kohlhammer Druckerei GmbH + Co. KG, Stuttgart
Printed in Germany

ISBN 978-3-8186-2365-4

Dank

Viele Menschen haben dazu beigetragen, dass dieses Buch entstehen konnte: mein lieber Partner, unsere Lehrer, Schüler, Freunde und das Team vom Verlag.

Ihnen allen sei an dieser Stelle für ihre Unterstützung herzlich gedankt!

Ein inniger Dank gehört dem geduldigen Trabrennpferd Arli und den vielen anderen Pferden, die uns und unseren Anforderungen an sie immer wieder mit soviel Freundlichkeit und Geduld begegnen! Wir hoffen, dass dieses Buch dabei hilft, die freundschaftlichen Beziehungen zwischen Mensch und Pferd zu fördern und zu vertiefen.

Literatur

Informationen zur Traditionellen Chinesischen Medizin finden Sie in vielen Werken für den Humanbereich. Besonders wertvoll für Einsteiger mit einer guten Einführung in die TCM-Denkweise und praktischen Tipps:

Li, Christine: Chinesische Medizin für den Alltag. Gräfe und Unzer Verlag, München 2006

Akupressur am Pferd:

Salomon, Walter: Die energetische Behandlung des Pferdes. Thieme Verlag, Grasleben 2019
Tenney, Susan: Pferde sanft heilen. Rio Verlag, Zürich 2010
Westermayr, Erwin: Lehrbuch der Veterinärakupunktur, Band 2: Akupunktur des Pferdes. Verlag M&H Schaper, Alfeld 2013

Ergänzende Informationen:

Behling, Silke und Zink, Martina: Massage für mein Pferd. Verlag Eugen Ulmer, Stuttgart 2007
Denoix, Jean-Marie und Pailloux, Jean-Pierre: Physiotherapie und Massage bei Pferden. Verlag Eugen Ulmer, Stuttgart 2000
Neugebauer, Gerry M. und Neugebauer, Julia Karen: Lexikon der Pferdesprache. Verlag Eugen Ulmer, Stuttgart 2019

Link-Tipps

Schulterfreundliche Sattelmodelle:
www.balanceinternational.com
www.iberosattel.de

Bildquellen

Alle Fotos, inkl. Titelbild, stammen von der Autorin, außer:
Kathrin Hemkendreis - Fotolia.com: Seite 40 oben.
Zoonar/Lothar Lenz: Seite 40 unten.
Grafische Bearbeitung der Fotos: Helmuth Flubacher, Waiblingen.

Lisbeth Traffelet

ulmer

MERIDIANTAFELN FÜR DIE AKUPRESSUR BEIM PFERD

erweitert und aktualisiert

5. Auflage